Q&A
そこが知りたい
JA版金融検査のポイント

一般社団法人 金融財政事情研究会 編

一般社団法人 金融財政事情研究会

はしがき

　「農業協同組合法に定める要請検査に係る基準・指針」の制定により今後、農協の信用事業に対する金融庁検査（3者要請検査）が本格的に実施されていくことが見込まれます。また、都道府県や農林水産省の検査スタイルも、内部管理態勢のプロセス・チェックを重視するなど金融庁のものにより近づいていく可能性もあります。

　もちろん農協においては、3者要請検査を含む行政検査の有無にかかわらず、それぞれの経営理念や経営方針にのっとり「正しく収益をあげ」て、組合員や利用者、地域社会とともに持続的に発展していく取組みと、それを支える仕組みである内部管理態勢を自ら確立していくことが必要ですが、その際の参考として、金融検査マニュアルを活用することは効率的であるといえます。

　他方で内部管理態勢は、金融検査マニュアルの記載事項に字義どおり対応すれば「あるべき姿」が体現されるものではありません。各自組合の事業特性や規模等をかんがみることなく、マニュアルと現行態勢とを突き合わせ、欠落・不足箇所を機械的に補充していっても、管理業務の肥大化や形骸化を招き、収益性の低下はもとより、業務の健全性にもかえって悪影響を与えてしまいかねません。

　もっとも、金融検査マニュアルを一通り読んでみても、チェック項目の趣旨やポイントを的確に捉えることは必ずしも容易でなく、一歩間違えば、方針や規程・マニュアルの策定などといった形式面の充足に終始し、それに従った取組みを支店等に「押し付ける」など、「やらされ感」の強い管理態勢の姿に陥ってしまいかねません。

　そこで本書では、金融検査マニュアルの解説にとどまらず、内部管理態勢の整備を農協が創意工夫していく際のポイントや留意点などを、できる限りわかりやすく説明するよう試みています。たとえば、PDCAサイクルは単に

順番どおり回していくものではなく、実践（Doの中核）を起点とすべきであることや、業務推進部署を含む役職員一人ひとりが担当業務に内包されるリスクに対する感度を高め、管理部署任せでない能動的な取組みを行っていくためのポイント、また、違反や事故等に対して内部監査部門等による徹底した原因分析と再発防止を実施し、自浄作用を発揮していくためのコツなどを随所に盛り込んでいます。

　本書が、「検査対策」でなく、農協において「あるべき姿」としての内部管理態勢を確立し、そして持続的に発展していくことに資するものとなりましたら、望外の喜びです。

　最後に、本書の企画と編集に多大なご尽力をいただいた一般社団法人金融財政事情研究会の田島正一郎さんと佐藤友紀さんに、この場を借りて厚く御礼申し上げます。

　平成23年9月

　　　　　　　　　　　　　　　　　　　　　弁護士　行方　洋一

【執筆者一覧（執筆当時、敬称略）】

行方　洋一（ブレークモア法律事務所・弁護士）
　執筆担当：Ⅰ　金融検査マニュアルと内部管理態勢、Ⅱ　法令等遵守態勢、Ⅲ　利用者保護等管理、Ⅵ　その他のリスク管理態勢（Q54、56）
　略　　歴：平成8年弁護士登録。メリルリンチ日本証券株式会社、金融庁検査局（任期付公務員）等を経て、平成22年より現職。コンプライアンスや内部統制、金融商品取引法や銀行法等の金融法務、企業の社会的責任（CSR）、反社会的勢力からの企業防衛に関する法律業務を行う。
　おもな著書として、『改訂金融検査マニュアル下の内部統制管理態勢Q&A』『金融検査マニュアルハンドブックシリーズ　金融機関の顧客保護等管理態勢』（以上、金融財政事情研究会）などがある。

浅井　弘章（尾高・浅井国際法律事務所・弁護士）
　執筆担当：Ⅵ　その他のリスク管理態勢（Q55、57）
　略　　歴：平成11年弁護士登録。一橋大学法学部卒業。メガバンク・地方銀行等による銀行取引・保険取引等に関する相談に対応するほか、訴訟事件対応も行う。また、全国銀行協会等の業界団体から金融業界全体としての取組みに関する相談を受け、法的助言を行う。
　金融窓口サービス技能検定試験（厚生労働省）の技能検定委員。
　著書として、『個人情報保護法と金融実務（第3版）』（金融財政事情研究会）、『専門訴訟講座　保険関係訴訟』（民事法研究会）、『FATCA　ここがききたかったQ&A 55』（金融財政事情研究会）などがある。

高橋　俊樹（一般社団法人　金融財政事情研究会）
　執筆担当：Ⅳ　信用リスク管理態勢、Ⅴ　資産査定管理態勢
　略　　歴：昭和39年東海銀行入行、東北大学法学部卒。営業店勤務の後、昭和58年融資部審査役。以後、融資部東京管理課長、融資第二部次長、融資管理部参事役を経て、平成13年同行退職。平成14年北洋銀行入行。融資第二部指導役。平成18年同行退職。
　おもな著書として、『いまさら聞けない融資の常識50考（第2版）』

『金融検査マニュアルハンドブックシリーズ　金融機関の信用リスク・資産査定管理態勢（平成23年度版）』『実例に学ぶ金融機関の債権償却（第4版）』（以上、金融財政事情研究会）などがある。

【凡　　例】

農　　協……………	信用事業を行う農業協同組合
系統金融機関…………	信用事業を行う農業協同組合および信用農業協同組合連合会ならびに農林中央金庫
組　　合……………	信用事業を行う農業協同組合および信用農業協同組合連合会
農 協 法……………	農業協同組合法（昭和22年法律第132号）
農協法施行規則………	農業協同組合法施行規則（平成17年農林水産省令第27号）
信用事業命令…………	農業協同組合及び農業協同組合連合会の信用事業に関する命令（平成5年大蔵省・農林水産省令第1号）
金融円滑化法…………	中小企業者等に対する金融の円滑化を図るための臨時措置に関する法律（平成21年法律第96号）
独占禁止法……………	私的独占の禁止及び公正取引の確保に関する法律（昭和22年法律第54号）
金融商品販売法………	金融商品の販売等に関する法律（平成12年法律第101号）
個人情報保護法………	個人情報の保護に関する法律（平成15年法律第57号）
金融再生法施行規則…	金融機能の再生のための緊急措置に関する法律施行規則（平成10年12月15日金融再生委員会規則第2号）
監督指針……………	系統金融機関向けの総合的な監督指針
検査事例集……………	金融検査結果事例集（平成21検査事務年度版までは「金融検査指摘事例集」）

※本書では原則、金融検査マニュアルに基づく解説を行いますが、たとえば「取締役会」「取締役」「監査役」、「預金」「顧客」などの用語については適宜、「理事会」「理事」「監事」、「貯金」「利用者」など、農協で使用されているものに読み替えて行うこととします。

目　次

Ⅰ　金融検査マニュアルと内部管理態勢

1　総　論 ……………………………………………………………… 2
　Q 1　金融検査マニュアルとは何でしょうか。系統金融検査マニュアルとは違うのでしょうか。どのような構成となっているのでしょうか………………………………………………………………… 2
　Q 2　内部管理態勢の整備に金融検査マニュアルをどのように活用すればよいのでしょうか……………………………………………… 5
　Q 3　「内部管理態勢」とは何でしょうか ………………………… 8
　Q 4　内部管理態勢の整備は、どのような視点をもって行うべきでしょうか……………………………………………………………… 10
　Q 5　PDCAサイクルによる態勢整備とはどのようなことでしょうか… 12
　Q 6　PDCAサイクルをどのように回せばよいのでしょうか…………… 14
　Q 7　リスク・フォーカスの検査とはどのようなものでしょうか……… 16
　Q 8　「重要なリスク」か否かはどのように判断すればよいのでしょうか……………………………………………………………… 19
　Q 9　プロセス・チェックとは何でしょうか……………………… 23
2　経営管理（ガバナンス）態勢 ………………………………………… 25
　Q10　経営管理（ガバナンス）態勢では何が重要でしょうか ………… 25
　Q11　経営計画が金融検査で重視されるのはなぜでしょうか………… 28
　Q12　「内部管理基本方針」という名称の方針を、「内部統制システムに関する基本方針」とは別に、新たに策定する必要があるのでしょうか……………………………………………………………… 31
　Q13　内部監査態勢を整備する際のポイントは何でしょうか………… 33
　Q14　監事監査は内部管理態勢においてどのような位置づけなのでし

ょうか。監事監査の事務局を内部監査部門の職員が兼務していることは問題ないでしょうか……36

3 金融円滑化編……38
　Q15　金融検査マニュアルの「金融円滑化編」とは何ですか……38
　Q16　金融円滑化管理においては、利用者への対応として何が重要でしょうか……40
　Q17　融資業務では、農協法上どのような行為が禁止されているのでしょうか。また、優越的地位の濫用と誤認されないため、どのようなことに注意が必要でしょうか……42
　Q18　住宅ローンでは、金融円滑化管理としてどのようなことに注意が必要でしょうか……44

4 リスク管理等編……46
　Q19　「リスク管理等編」はどのような構成になっているのでしょうか。それぞれの態勢で管理すべきリスク等は何でしょうか……46

Ⅱ　法令等遵守態勢

1 全　般……52
　Q20　コンプライアンスとは何でしょうか。法令を守るだけでは不十分なのでしょうか……52
　Q21　法令等遵守態勢とは何でしょうか。態勢整備に際して重要なことは何でしょうか……55
　Q22　コンプライアンス・マニュアルの策定で注意すべき事項は何でしょうか……59
　Q23　コンプライアンス研修の実施は回数が多いほどよいのでしょうか……62

2 不祥事件の防止……64
　Q24　不祥事件防止態勢におけるポイントとしてどのようなことがあ

目　次　7

げられるのでしょうか……………………………………………64
　　Q25　不祥事件が判明するたびに再発防止策をいろいろと講じてはい
　　　　るものの、効果があがっていません。どうすればよいのでしょう
　　　　か………………………………………………………………………68
 3　金融機能の不正利用の防止………………………………………………72
　　Q26　マネー・ローンダリングの防止として、金融機関としてはどの
　　　　ような取組みが求められているのでしょうか……………………72
　　Q27　反社会的勢力との関係遮断態勢におけるポイントは、どのよう
　　　　なことでしょうか……………………………………………………76
 4　法令等遵守態勢の改善・強化……………………………………………79
　　Q28　支店現場において管理施策の実施が形骸化してしまっており、
　　　　改善を促しても一向によくなりません。コンプライアンス統括部
　　　　署や経営陣としては、何をどうすべきなのでしょうか…………79

Ⅲ　利用者保護等管理

 1　総　　論……………………………………………………………………84
　　Q29　利用者保護等管理と法令等遵守態勢やリスク管理態勢とは、ど
　　　　のような関係なのでしょうか………………………………………84
 2　利用者説明管理……………………………………………………………86
　　Q30　貯金取引では、利用者説明管理としてどのようなことに注意が
　　　　必要でしょうか………………………………………………………86
 3　利用者サポート等管理態勢………………………………………………90
　　Q31　「相談・苦情等」が利用者サポート等管理責任者にきちんと報
　　　　告されるようにするには、どのような施策が考えられるのでしょ
　　　　うか……………………………………………………………………90
 4　利用者情報管理態勢………………………………………………………92
　　Q32　利用者情報管理では、個人情報保護法に基づく情報管理を行っ

ているだけでは不十分なのでしょうか……………………………92
5　外部委託管理態勢 …………………………………………………95
　Q33　業務を外部委託している場合の管理については、利用者保護等チェックリストとオペレーショナル・リスク管理態勢の確認検査用チェックリストの両方に記載があり、どのように整理すればよいのでしょうか……………………………………………………95
6　利益相反管理態勢……………………………………………………97
　Q34　利益相反管理とは、何をどのように管理することでしょうか……97

Ⅳ　信用リスク管理態勢

　Q35　金融検査マニュアルでは信用リスクをどのように定義しているのでしょうか……………………………………………………102
　Q36　信用リスク管理について、理事や理事会にはどのような役割と責任があるのでしょうか……………………………………103
　Q37　「信用リスク管理方針」「信用リスク管理規程」とは、どのようなものでしょうか…………………………………………106
　Q38　信用リスク管理のためには、どのような組織態勢を整備する必要があるのでしょうか…………………………………………108
　Q39　信用格付制度の整備では、どのようなことに注意が必要でしょうか………………………………………………………………111
　Q40　「クレジット・リミット」とは何でしょうか ………………113
　Q41　信用集中リスク管理は、どのように行えばよいのでしょうか…115
　Q42　問題債権はどのような管理が必要でしょうか ………………116

Ⅴ　資産査定管理態勢

　Q43　資産査定管理態勢の整備として、どのようなことが必要でしょ

目　次　9

うか ……………………………………………………………… 120
Q44　自己査定について説明してください ……………………… 123
Q45　「債務者区分」「債権区分」「分類」について説明してください
　　　　………………………………………………………………… 126
Q46　分類対象外債権とは何でしょうか ………………………… 129
Q47　担保や保証による調整とは何でしょうか ………………… 131
Q48　優良担保・優良保証等とは何でしょうか ………………… 132
Q49　担保評価で留意すべき事項は何でしょうか ……………… 134
Q50　貸出条件緩和債権について説明してください …………… 137
Q51　住宅ローン等に適用される「簡易な基準による分類」とは、どのようなものでしょうか …………………………………… 141
Q52　系統金融検査マニュアル別冊［農林漁業者・中小企業融資編］とは、どのようなものでしょうか ……………………… 143
Q53　償却・引当について説明してください …………………… 145

Ⅵ　その他のリスク管理態勢

1　市場リスク管理 ……………………………………………………… 150
　Q54　信用事業では、どのような市場リスクの管理が必要でしょうか
　　　　………………………………………………………………… 150
2　オペレーショナル・リスク管理 ………………………………… 153
　Q55　事務リスク管理態勢では、どのような点に留意が必要でしょうか ……………………………………………………………… 153
　Q56　システムリスク管理態勢の整備としてどのようなことを行うことが重要でしょうか ……………………………………… 155
　Q57　「その他オペレーショナル・リスク」としてどのようなものを管理すればよいのでしょうか …………………………… 157

Ⅰ

金融検査マニュアルと
内部管理態勢

1　総　　論

Q1 金融検査マニュアルとは何でしょうか。系統金融検査マニュアルとは違うのでしょうか。どのような構成となっているのでしょうか。

A 金融検査マニュアルは、金融庁の検査官が預金等受入金融機関を検査する際に用いる手引書として位置づけられるものです。系統金融検査マニュアルとほぼ同じであり、「経営管理（ガバナンス）」のもと、「金融円滑化編」および「リスク管理等編」から構成されています。

―――― 解　説 ――――

1　金融検査マニュアルの位置づけ

　金融検査マニュアルは、金融庁の検査官が、信用事業を行っている農協を含む預金等受入金融機関を検査する際に用いる手引書として位置づけられるものです。金融機関においては、金融検査マニュアルへの字義的な対応ではなく、これを参照しつつ内部管理態勢の整備・確立を創意工夫することが期待されています。
　都道府県や農林水産省の検査官が使用する系統金融検査マニュアルは金融検査マニュアルをもとに策定されているため、両者の構成や内容はほぼ同じとなっています。

2　金融検査マニュアルの構成

　金融検査マニュアルは「経営管理（ガバナンス）」のもと、①「金融円滑

化編」、および②「リスク管理等編」から構成されています（図表1）。

　従来、金融検査マニュアルの構成・内容は、法令等遵守とリスク管理中心の組立てとなっていましたが、平成21年12月4日の改定により、①金融機関のコンサルティング機能をはじめとする金融円滑化と、②業務の適切性・健全性の維持・向上の2点を柱とするものとなりました。具体的には、既存の「経営管理（ガバナンス）」に加え、①新たに、金融機関におけるコンサルティング機能の発揮や金融円滑化一般を内容とする「金融円滑化編」を新設するとともに、②既存の法令等遵守、利用者保護等やリスク管理の部分を「リスク管理等編」として取りまとめられました。

　これは、健全な事業を営む利用者に対して必要な資金を円滑に供給していくことは、金融機関の最も重要な役割の1つであり、金融機関には、適切なリスク管理態勢のもと、適切かつ積極的にリスクテイクを行い、金融仲介機能を積極的に発揮していくことが強く期待されていること、また、「金融円滑化法」の施行にあわせて、同法の実効性を確保するための検査上の措置と

図表1　金融検査マニュアルの全体構成

経営管理（ガバナンス）									
金融円滑化編	リスク管理等編								
	法令等遵守態勢	利用者保護等管理態勢	統合的リスク管理態勢	自己資本管理態勢	信用リスク管理態勢	資産査定管理態勢	市場リスク管理態勢	流動性リスク管理態勢	オペレーショナル・リスク管理態勢

して金融検査マニュアルについて所要の改正を行い、中小企業融資・経営改善支援への取組状況について重点的に検査を行うという方針が示されたことをふまえたものです。

Q2 内部管理態勢の整備に金融検査マニュアルをどのように活用すればよいのでしょうか。

A 金融検査マニュアルを参照しつつも、自己責任原則に基づき、経営陣のリーダーシップのもと、創意工夫を十分に生かし、それぞれの規模・特性に応じた内部管理態勢の整備・確立を目指してください。

―――― 解 説 ――――

1 金融検査マニュアルを参照しつつ創意工夫

金融検査マニュアル自体は金融庁検査官のための手引書ですが、金融庁は同時に、農協を含む各金融機関に対して、金融検査マニュアルを参照しつつ、自己責任原則に基づき、経営陣のリーダーシップのもと、創意工夫を十分に生かし、それぞれの規模・特性に応じた方針、内部規程等を作成し、金融機関の業務の健全性と適切性の確保を図ることを期待しています。

2 字義的な対応はむしろ有害

① ミニマム・スタンダードの廃止

金融検査マニュアル中、「しているか」「なっているか」の語尾になっているチェック項目については、すべての金融機関に対してミニマム・スタンダード（最低限の基準）として求められるものではなく、「金融機関が達成していることを前提として検証すべき項目」として整理されています。そのため、金融検査マニュアル中の留意事項において、チェック項目について記述されている字義どおりの対応が金融機関でなされていない場合であっても、金融機関の業務の健全性・適切性の確保の観点からみて、金融機関の行っている対応が合理的なものであり、さらに、チェック項目に記述されているも

のと同様の効果がある、あるいは金融機関の規模・特性に応じた十分なものである、と認められるのであれば、不適切とするものではありません。

金融機関では、金融検査マニュアルのチェック項目と自社の管理態勢とを突き合わせ、不足していたり異なっていたりする箇所を機械的に補充・修正するような対応をとりがちです。しかしまず重要なことは、不足や相違しているものが、内部管理態勢において、本来どのような「役割」を果たすべきものなのか、という点をきちんと確認することです。その役割に照らして、自組合では不要である、または他のもので代替できているとの判断ができるのであれば、そのことを検査官に臆することなく説明すべきです。「身の丈」にあわない機械的な補充等を行っても、かえって機能不全を引き起こし、そのことが指摘事項となりうることを認識してください。

② ベスト・プラクティス項目は最小限

一方、チェック項目の語尾が「望ましい」とあるのは、特にことわりのない限り、金融機関に対してベスト・プラクティス（優れた取組み）として期待されている項目です。もっとも、ベスト・プラクティスとして金融機関のあるべき姿を金融検査マニュアルで示すのは、金融機関自身の創意工夫を妨げるおそれがあることから、そのような項目は最小限にとどめられています。

③ 農協の姿勢

このように、金融検査マニュアルは、字義的な対応が義務づけられているものでもなく、マニュアルどおり対応すれば「あるべき姿」が体現できるものでもありません。

農協としてはむしろ、金融検査マニュアルも参考にしつつも、組合員、利用者、地域社会からの要請や期待に応え、「正しく収益をあげて」持続的に発展するために何をどうすればよいか、との発想で「すべきこと」と「してはならないこと」を明確にし、それを確保するための内部管理態勢を自ら創意工夫して整備し、その内容を検査官に説明し、双方向の議論を行うとの姿勢をもつべきでしょう。

3　検査事例集等の活用

　金融庁は、平成17年より、検査指摘の内容・頻度等を勘案して金融機関が適切な管理態勢を構築するうえで参考となるような事例を取りまとめ、「検査事例集」としてホームページで公表しています。今後、3者要請検査における農協に対する指摘事例等が同様に公表されるかは明らかでありませんが、農協においては、この従来から公表されている検査事例集もあわせて活用し、内部管理態勢の整備・確立を効率的に図っていくことが望ましいでしょう。

　また、金融庁では、金融検査マニュアルに対する関係者の理解の向上に資することを目的として「金融検査マニュアルに関するよくあるご質問（FAQ）」（以下「マニュアルFAQ」という）も公表しており、こちらもあわせて参考にするとよいでしょう。

Q3 「内部管理態勢」とは何でしょうか。

 内部統制システムと同じく、経営理念にのっとり、法令等遵守やリスク管理といった業務の「適切性・健全性」と、収益をきちんとあげていくため業務の「効率性」を両立させ、「正しく収益をあげ」て農協が持続的に発展するための仕組みといえます（図表3）。

---- 解　説 ----

1　「正しく収益をあげる」

「内部管理態勢」との言葉からはおそらく、法令等遵守態勢（コンプライアンス態勢）、信用リスク管理や市場リスク管理、オペレーショナル・リスク管理などのリスク管理態勢がイメージされることが多いでしょう。もちろんこれらは内部管理態勢の重要な構成要素であり、金融検査でも、金融機関の業務の適切性（法令等遵守）や健全性（リスク管理）の検証が中心になっています。

しかし、内部管理の目的は、内部統制と同じく、企業や組織が「正しく収益をあげ」て持続的に発展していくことにあり、そのためには業務の「適切性・健全性」のみならず、業務の「効率性」も重要となります。農協は営利企業ではありませんが、このことは赤字でよいということではもちろんなく、むしろ組合員や利用者により良い商品やサービスを今後も提供していくためには、きちんと収益をあげていくことも重要です。

このように内部管理や内部統制とは「正しく収益をあげる」ための取組みであり、内部管理態勢や内部統制システムとは、そのための仕組みであるといえます。

2 「リスクテイク」とリスク管理等

金融機関が「収益をあげる」ことを金融庁では、「リスクテイク」という言葉で表現しています。たとえば貸出業務で融資先の与信リスクをとって金利収入を得ていくことや、有価証券投資で市場リスクや投資先の信用リスクなどをとって、利息収入や売却益を得ていくことを意味します。これに対して「正しく」とは、「法令等遵守」や「顧客（利用者）保護等管理」（利用者満足の向上という「効率性」の側面もあります）、「リスク管理」といわれるものになります。このような「正しく収益をあげる」仕組みの整備や運用が、経営陣の強力なリーダーシップ、つまり強固な「経営管理（ガバナンス）」のもと行われているかを、金融検査でしっかりと検証します、というのが当局のスタンスでしょうし、本来、金融機関が自ら創意工夫して取り組むべきことでもあるでしょう。

図表3　内部管理態勢（内部統制システム）

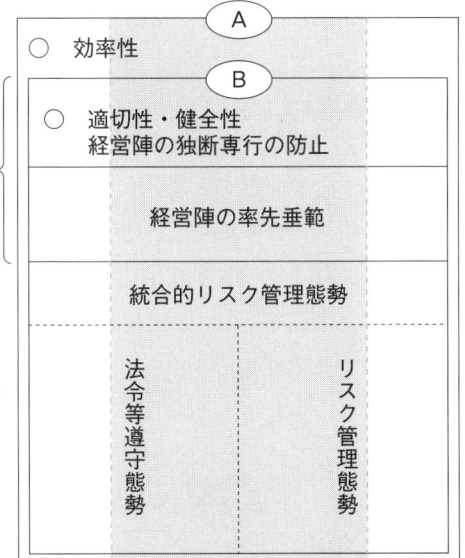

Ⓐ　内部管理態勢（内部統制システム）
　⇒経営理念にのっとり「正しく収益をあげる」ための仕組み
Ⓑ　適切性・健全性に係る内部管理
　▨……利用者保護等管理態勢

Ⅰ　金融検査マニュアルと内部管理態勢　9

Q4 内部管理態勢の整備は、どのような視点をもって行うべきでしょうか。

A 組合員、利用者、地域社会という農協にとって重要な利害関係者の視点に立ち、その信頼を確立して正しく収益をあげていくにはどうすればよいのか、との視点で整備を行うことが重要です。

――――― 解　説 ―――――

1　「利用者視点の原則」

　金融検査マニュアルを参照して内部管理態勢の整備を行うと、ともすると「金融庁検査を無事乗り切るためには……」などと行政目線での対応を行ってしまいがちです。

　しかし前述（Q3）のように内部管理態勢は、経営理念にのっとって「正しく収益をあげる」ための仕組みですから、その根本は、組合員や利用者、地域社会など農協にとっての重要な利害関係者（ステークホルダー）の視点に立ち、その信頼を確立するためには何をどうすればよいのか、と創意工夫を重ねていくことが結局のところ最も効果的な態勢整備の方法になります。

　このような取組みは結果的に、金融検査対応にもなるといえます。すなわち、金融検査の基本的考え方等を示している「金融検査に関する基本指針（金検第369号）」（平成17年7月1日）では検査の5原則が記されており、その冒頭には「利用者視点の原則」が示されています。これは、金融検査は国民から負託された権限行使であることから、検査等の実施にあたっては、預金者等一般の利用者および国民経済の立場に立ち、その利益が保護されることを第一の目的としなければならない、とするものです。

　このように、金融検査の大原則が「利用者視点の原則」である以上、農協において内部管理態勢の整備を「行政目線」で行うことは、本来の姿から乖

離してしまうばかりか、検査でも「利用者軽視」であるとの指摘を受けてしまうおそれすらあります。むしろ農協においては、組合員や利用者、地域社会の視点からいかに内部管理態勢を創意工夫して整備、運用しているかを金融検査の場面で説明することが、健全な「双方向の議論」につながっていくでしょう。金融機関と行政がお互いに利用者の視点に立って、「こうしたほうがより良いのではないか」という双方向の議論を交わすなかで、利用者の保護、金融システムの安定および国民経済の健全な発展という金融検査の使命も同時に達成されることになるでしょう。

2　利用者サポート等管理の重要性

「利用者視点の原則」において、金融機関にとっての強みは、実際に利用者と日々向き合って業務を行っており、行政より圧倒的に利用者との距離が近いことでしょう。この点で、利用者の声を内部管理態勢の改善・強化につなげる利用者サポート等管理態勢の重要性を再認識してください。たとえば、利用者視点で内部管理態勢を整備していると金融検査で説明する一方で、相談・苦情等への対応が実はずさんで、支店には苦情等の申出がなされているのに、それが半ばどこかで握りつぶされているような実態が実地調査などで判明しますと、利用者目線で態勢整備を行っていると当局にいくら説明しても説得力が欠けてしまうでしょう。このように、相談・苦情等を適正に解決し、原因分析を行って内部管理態勢の改善・強化につなげ、利用者満足を高めるような利用者サポート等管理は、非常に重要なものになります。

Ⅰ　金融検査マニュアルと内部管理態勢

Q 5 PDCAサイクルによる態勢整備とはどのようなことでしょうか。

 管理方針や組織体制・規程を整備するだけではなく、既存の態勢を評価し、改善を行うという動的プロセスにて内部管理態勢を整備することをいいます。

------- 解　説 -------

1　PDCAサイクル

　PDCAサイクルとは、典型的なマネジメントサイクルの1つで、Plan（計画）、Do（実行）、Check（評価）およびAct（改善）の頭文字をとったものです。このプロセスを順に実施し、最後のActでは、Checkの結果から、最初のPlanを継続（定着）・修正・破棄のいずれかとして、次回のPlanに結びつけます。

　金融検査マニュアルでは、各管理態勢について、管理方針（Plan）や組織体制・規程を整備（Do）しているかを検証するだけではなく、既存の態勢を評価（Check）し、常に改善されているか（Act）どうかといった動的プロセスとしての内部管理態勢の状況を検証することを重視し、検証項目を整理しています。

2　3層構造

　各管理態勢の確認検査用チェックリストは、基本的に「Ⅰ　経営陣による態勢整備・確立状況」「Ⅱ　管理者による態勢整備・確立状況」「Ⅲ　個別の問題点」の3層構造となっています。

　内部管理態勢の構築にあたっては経営陣の役割・責任が重要であることから、各態勢における「Ⅰ　経営陣による態勢整備・確立状況」において経営

陣が果たすべき役割・責任について明確化し、各態勢に関して経営陣がどのようなガバナンスを発揮して具体的に態勢の整備・確立を行っているかを検証します。たとえば、ある管理態勢について、理事の認識が不十分であり、理事会において適切な管理方針が定められていないのではないかという点については、「Ⅰ　経営陣による態勢整備・確立状況」で検証されます。

次に、「Ⅱ　管理者による態勢整備・確立状況」では、経営陣のリーダーシップに基づいて実際に金融機関全体の内部管理態勢の整備を担う管理者や管理部署による態勢整備状況を検証します。

また、金融検査マニュアルでは明確には現れていませんが、取組みを行う業務部署や支店等における取組状況については、「Ⅲ　個別の問題点」におけるチェック項目も活用して検証することとなります。

このように3層構造のPDCAサイクルでは、すべての役職員が、内部管理の各プロセスにおける自らの役割を十分に理解し、プロセスに関与することが重要です。

図表5　PDCAサイクルによる整備・運用

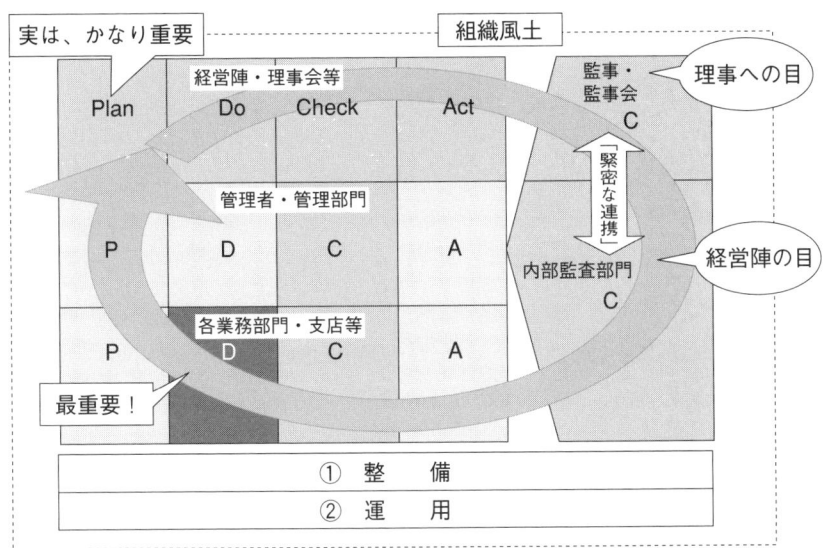

Q6 PDCAサイクルをどのように回せばよいのでしょうか。

A 実際の取組み（Doの中核部分）が行われることが目的であり、規程・組織体制や管理施策（その他のDo）はそのための手段、また、Plan、Check、Actはそのような手段を効率よく整備・見直していくためのプロセスととらえて取り組んでいくことが重要といえます。

---- 解　説 ----

1　取組みを起点

　PDCAサイクルによる内部管理態勢において、基本方針の策定や規程等の整備、職員への教育研修やモニタリングが実施されていること等はもちろん重要ですが、最も大切なことは法令等遵守、利用者保護等管理やリスク管理などの管理業務がきちんと実施（Doの中核部分）されていることです。実際の取組みが行われなければ、いくら立派な態勢整備を行ってもまったく意味がありません。

　ところが、取組みをPDCAサイクル中の一要素ととらえ、順番に回していくものとの感覚で行っていると、いきおい管理部署が策定した規程やマニュアルどおりの取組みを業務部署や支店などに「押し付け」てしまう傾向があり、現場での「やらされ感」が強いものに陥ってしまうおそれがあります。

　そのような事態を防止するためには、内部管理態勢は実際の取組みを起点（目的）として、規程・組織体制や管理施策（その他のDo）はそのための手段、また、Plan、Check、Actはそのような手段を効率よく整備・見直していくためのプロセスととらえ直し、「目的と手段」の関係を明確にしてPDCAサイクルを回していくことが肝要です（図表6）。

2　当事者意識の向上

「やらされ感」による思考停止の内部管理から脱却するには、管理業務に取り組む役職員一人ひとりが、まずは当事者意識を強くもつことが重要です。「ルールでこう決められているからやる」ではなく、「組合員、利用者、地域社会からの信頼を獲得し正しく収益をあげるには、何をどうすればよいのか」を、一人ひとりが常に意識・工夫し、ルールの策定や改定を全役職員が参加して行うようなプロセスが、取組みを起点とし、「血の通った」PDCAサイクルになるためには欠かせません。

そのうえで、役職員一人ひとりが、自身の業務遂行上のリスクが何かを認識・評価し、その発現をどのように防止するのかを考えてコントロール（管理業務の実践）し、検証・見直すという、リスク管理の感覚を能動的に養うことも重要です（Q7）。

また、違反や事故等が発生した場合には、発生原因を徹底分析し、責任の押付合いではなく、各自が改善すべき点があるとの認識のもと、再発防止に組織全体として取り組んでいくことが重要です（Q9）。

図表6　実践が起点

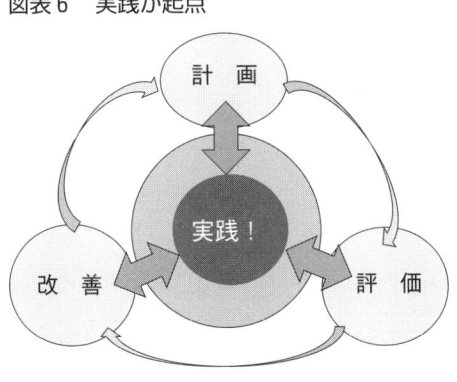

Q7 リスク・フォーカスの検査とはどのようなものでしょうか。

A 「重要なリスク」に焦点を当てたメリハリのある検証を行うことをいい、内部管理態勢の整備に際しても重要な発想です（図表7）。

―――――――― 解　説 ――――――――

1　重要なリスクに焦点を当てた検証

　金融検査マニュアルにおいて、検査官は、立入検査開始前、立入検査中を通じて、入手した情報や検証内容をもとに、各金融機関のもつリスクの所在を分析し、「重要なリスク」に焦点を当てたメリハリのある検証に努める必要があるとされています。

　金融検査では、金融機関の業務の健全性および適切性の確保に重大な影響を及ぼしうるリスクすべてを対象としており、金融検査マニュアルにおける各リスク管理態勢でいうリスクに限定するものではありません。また、問題が発生している場合だけでなく、問題が発生していないリスクも重要なリスクに含まれます。

　逆に、「重要なリスク」以外のリスクについては、検証作業を軽減し、「重箱の隅をつつく」ような検証はしないとしています。そのため、かりに「重箱の隅」であると金融機関が感じるときは、忌憚なく双方向の議論を行うことが望ましいでしょう。もっとも、金融機関側が、「重箱の隅」、さらには「外」だといえるためには、自身がリスクの大きさをふまえたメリハリのあるリスク管理等を行っていることが前提となります。それが欠落した状況で、重箱の「隅」だと主張しても、検査官には、本当は重箱の「真ん中」のものを「隅」だといっているにすぎないのではないか、と思われてしまう可能性もあります。

図表7　リスク・フォーカスの体制整備・運用

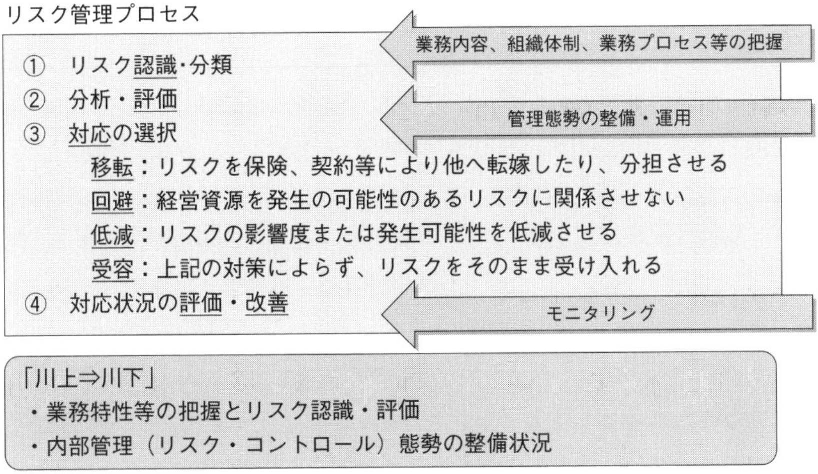

リスク管理プロセス

① リスク認識・分類　　　　　←　業務内容、組織体制、業務プロセス等の把握
② 分析・評価
③ 対応の選択　　　　　　　　←　管理態勢の整備・運用
　　移転：リスクを保険、契約等により他へ転嫁したり、分担させる
　　回避：経営資源を発生の可能性のあるリスクに関係させない
　　低減：リスクの影響度または発生可能性を低減させる
　　受容：上記の対策によらず、リスクをそのまま受け入れる
④ 対応状況の評価・改善　　　←　モニタリング

「川上⇒川下」
・業務特性等の把握とリスク認識・評価
・内部管理（リスク・コントロール）態勢の整備状況

2　担当業務に関する自発的なリスク管理を

　金融機関において、すべてのリスクを完璧に管理することはほぼ不可能であり、かえって管理の硬直化・形骸化を招いてしまいかねません。内部管理態勢を効率的かつ実効的に整備するためには、その前提として「リスク・フォーカス」の検査と同様に、その業務規模、内容、特性等をふまえ、リスクを幅広く認識しつつも、各リスクの大きさを的確に分析・評価することが肝要です。具体的な態勢内容については、このようなリスク評価をふまえた各金融機関の創意工夫が望まれるところです。

　そのためには役職員一人ひとりが、リスク管理のプロセスを主管部署に依存するだけでなく、リスク感覚を意識的に養うことが重要です。たとえば信用事業での貸出業務は、融資により金利収入を得るものですが、それを妨げうるさまざまなリスクが存在します。たとえば、融資先が倒産してしまい金利はおろか元本回収もできないという信用リスクがあります。また、融資先が反社会的勢力であったり、借入ニーズがない先に金融機関や担当者の目標達成のために半ば強要して借りてもらうという優越的地位の濫用などのコン

プライアンス・リスクもあります。その他、金利計算相違や融資関連システムのトラブルなどのオペレーショナル・リスクなどもありえます。

　貸出業務に従事している役職員において、このように「適正な金利収入を得ることを妨げるリスクは何か」ということを幅広く認識してみることが、自発的なリスク管理の第一歩であり、それを信用リスクやコンプライアンス・リスクというように分類をしていきます。

　その次に、とりわけ注意を要する「重要なリスク」は何かというリスク評価を行います。たとえば、貸倒れリスクが「重要なリスク」であるとして、そのリスクが発現しないようにどのように管理するか、というのが対応の選択となります。「移転」というのは、保険や保証などをつけて、倒産等が発生しても回収できるようにすることです。「回避」というのは、リスクが非常に大きい先なので貸出を行わないとの選択になります。「受容」というのは、優良先なので、無担保・無保証でも貸せるというような選択です。

　さらに「低減」とは、融資申込先の実態をきちんと把握して、信用力に応じた金利設定、担保・保証人の徴求をして、貸出後も定期的にモニタリングをするようなリスク管理を行うことを意味します。

　これに対してコンプライアンス・リスクでは、「移転」と「受容」（ささいな違反ならかまわない）は選択できませんので、法令等遵守態勢において「低減」し、または違反の可能性が高いのであれば「回避」との、どちらかとなります。

　このような管理を主管部署が策定したマニュアル等を使用しつつ、きちんとできているかを自己点検で確認し、そのうえで各リスク管理部署によるモニタリングや内部監査による点検・評価も受け、不十分な部分は改善に取り組んでいきます。

　リスク管理部署に限らず、担当業務おけるリスク管理に関する認識を金融検査で問われた場合、このような自発的なリスク管理を役職員一人ひとりが日々心がけて実践しているか否かが、結果として検査の範囲や深度の差としても現れてくることでしょう。

Q8 「重要なリスク」か否かはどのように判断すればよいのでしょうか。

A 問題が発現した場合の農協経営に及ぼす影響度と、発生可能性を勘案して判断することが考えられます。

----解　説----

1　経営に及ぼす影響と発生可能性

　金融検査では、「重要なリスク」か否かについて、問題が発生した場合に経営に及ぼす影響度に加え、問題が発生する可能性も勘案して判断するとしています。そのため、そもそも発生を想定しえないようなリスクについては、重要なリスクに含まれることはなく、逆に、金融検査マニュアルに書いてあるリスクに限定するものではないとしています。

　金融検査マニュアルは金融機関が管理すべきすべてのリスクを網羅しているものではなく、この点からも、マニュアルへの字義どおりの対応による態勢整備では十分とはいえないことがわかります。

　経営に及ぼす影響度が高い、つまり1回であっても発現すれば大変なことになるリスクは各農協で異なりうるものですが、たとえば、大口与信先や投資先の破綻、経営トップの反社会的勢力との癒着などといった重大なコンプライアンス違反、利用者情報の大量漏えいなどが考えられるでしょう。次に、問題が発生する可能性については、1回起きただけでは影響はさほどでもないにしても、繰り返し発生すれば、いずれ屋台骨を蝕むような事態になってきますので、たとえば利用者情報の漏えいが繰り返し発生しているような状況には早急な改善が必要でしょう。

　また、過去に実際に発現したリスクは再発しないよう厳格に管理する一方、まだ違反が起きてないものについては、相対的に管理が甘くなっている

こともありますが、上記の「重要なリスク」か否かの判断基準からすれば、未発現のものであっても厳格な管理を要するリスクはもちろんありえます。

2　情報管理での例

　情報管理を例にとって「重要なリスク」の管理を考えてみます。業務で取り扱っているさまざまな情報のなかでも、自組合でもれてしまったら、もしくは目的外利用したら大変なことになる情報はいったい何だろうか、という発想でリスク評価をしていきます。

　図表8の縦軸は、漏えい等が発生したときの影響度、農協経営に与えるダメージの大きさであり、「大」「中」「小」の順になります。最「大」なのは、その情報が漏えい等してしまうと、農協がつぶれてしまうほどの重要情報です。横軸は、情報が漏えい等してしまう可能性であり、「高」「中」「低」の順となります。

　影響度「大」の情報としては、たとえば全利用者や主要利用者のデータが

図表8　情報漏えい等リスクの評価マップ

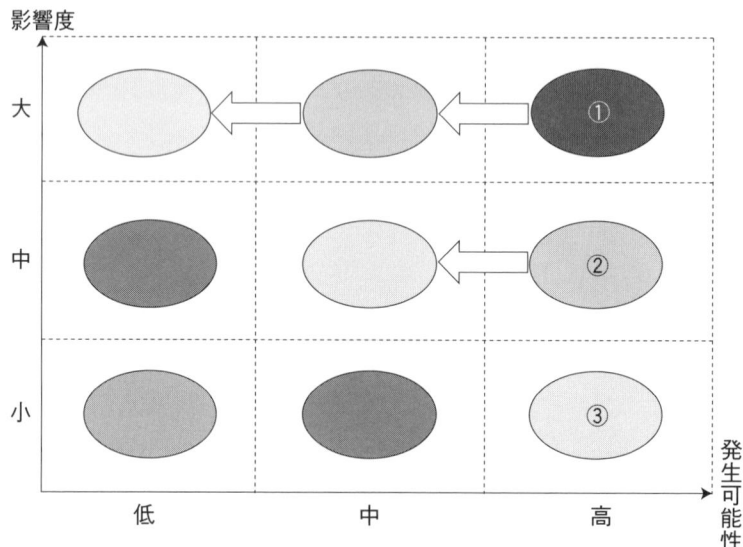

入ったデータファイルなどが考えられます。次に「中」としては、全利用者ではないにせよ、利用者ごとの取引データや個人情報が記録されているようなものが考えられます。漏えい等が発生すればそれ相当の影響が予想されますが、全利用者のデータが流失した場合ほどではないでしょう。

　それから「小」としては、たとえば個別の利用者に係る情報でもさらに部分的なもので、ほとんど公開情報であるような情報が該当しうるでしょう。

　ところが現状、個人情報保護法に基づいた情報管理体制では、このような漏えい等発生時の影響度ということは勘案されておらず、「個人データの漏えい等を防止する体制」のなかで、とにかく個人情報か否か、もしくは個人データか否かといった切り口だけで管理の有無が判断されている可能性があります。

　しかし今後は、個人情報、法人情報、営業機密などのいずれであろうと、漏えい等してしまったら自組合にとって大変な事態となる情報から、その可能性が「低」となるための厳格な管理を行うとの発想で取り組んでいく必要があるでしょう。

　そのような発想で情報管理態勢を組み直していく際に、もちろんすべての情報につき厳格な管理ができればベストですが、実際問題として、情報管理に配分できる管理資源にはおのずと限界があるでしょう。たとえば100ある情報に対して管理資源としては50しかない、という具合です。この場合、50しかないのに無理に100に配分しようとしても、情報1に対して0.5しか充てられませんので、管理の形骸化を引き起こします。

　それでは、50しかない管理資源をどうやって100の情報に配分していくかとなると、やはり、漏えい等が発生すれば大変なことになる情報に対しては、たとえば40を投入するとの判断もありえます。次に、「中」くらいの情報に対しては7を投入し、最後にもれても「小」である情報（もちろん、そうだからといって漏えい等が発生してもかまわないとの判断はありえません）に残りの3だけ投入する、というメリハリをつけた管理を行っていくとの発想が重要でしょう。

Ⅰ　金融検査マニュアルと内部管理態勢　21

この点、金融庁や農林水産省の個人情報保護に関するガイドラインでも漏えい等をした場合の本人が被る権利利益の侵害の大きさを考慮することが求められています。漏えい等が発生した場合に本人の権利利益が大きく侵害されるというのは、翻ってみれば金融機関にとっても大変な事態となることを意味しますから、そのような個人情報から優先的に厳格に管理することを求めているとも考えられます。

　繰り返しますが、「個人データ」であれば重要性を考慮せず厳格な管理をしようとしても、実際問題としては不可能であり、かえって管理が形骸化してしまうという状況から、限りある情報管理資源を有効配分して、漏えい等が発生すれば大変なことになる情報から厳格に管理していくとの、リスク管理の発想による情報管理態勢の組直しを行うことも、効率的かつ効果的な管理手法の1つでしょう。

　なお、管理レベルの高低にかかわらず、金融機関にとって情報管理は、信頼の根幹にかかわるきわめて重要なことであり、同時に役職員の「意識」を高めることも重要なことです。

Q9 プロセス・チェックとは何でしょうか。

A 金融検査は、個別の問題事象の発見、摘発が目的ではなく、問題事象が発現しないためのプロセスとして管理態勢がきちんと整備・運用されているかをチェックするということです。

――― 解　説 ―――

1　プロセス・チェックの原則

　金融庁の検査は、法令等違反行為や管理不備など個別の問題事象を発見、摘発することが目的ではありません。むしろ、問題事象が発現しないためのプロセスとして各リスク等の管理態勢がきちんと整備・運用されているかをチェックするものです。

　したがって、金融機関においても内部管理態勢を整備する際には、取組みを起点とした管理プロセスを経営陣の率先垂範のもと整備する（「川上から川下」）とともに、問題事象が支店等で判明した場合には、プロセスのどこに不備があったのか徹底した原因分析と抜本的な再発防止策を講じる（「川下から川上」）ことが重要です。

2　「川上から川下」のプロセス・チェック

　これについては、Q5～Q8を参照してください。またその際、Q6で解説したように、コンプライアンスやリスク管理の実践を起点として手段としての管理態勢を整備していくとの視点をもつことが、実効性を高めるうえで重要です。

Ⅰ　金融検査マニュアルと内部管理態勢

3 「川下から川上」のプロセス・チェック

　たとえば支店で法令等違反行為や管理不足等の問題事象が認められた場合、検証範囲を本店の管理部門や関連部門、さらには経営層まで広げ、「だれ」(違反者・支店管理者・本店・経営層)の「どの機能」(PDCAサイクルによる諸施策)におもな発生原因があるのか、3層のPDCAサイクルでプロセス・チェックを行うことが重要です。

　原因分析として行うプロセス・チェックは、基本的に、「なぜ発生したのか」の問いを繰り返し、その原因究明、主因の特定が尽きるまでさかのぼって行います。また、「原因」として示されたものと違反等という「結果」との間に合理的な因果関係があることも重要です。

　一方、主因を特定した場合でも、それ以外の原因についても改善が必要です。主因について責任を負っている者だけが「悪い」ということではありません。違反行為を行った当人も「悪い」ですし、指導・監督できなかった支店長やコンプライアンス担当者も、本店の管理部署も「悪い」ところがあります。主因の特定は、責任の押付合いや責任転嫁をすることではなく、各人それぞれに責任があるけれど、根本的な原因は何なのか、ということを見つけ出すためのものです。

　病気治療と同じく、問題事象の抜本的な再発防止のためには、「主因」を徹底的に排除する取組みが欠かせません。同時に、「主因」のみならず、問題事象に関係する、さらには直接的なかかわりがない役職員においても、一人ひとりが「自身の問題」としてとらえ、再発防止のために自分は何をどうすればよいかを考え、そして実施していくことが単なる「モグラ叩き」で終わらないためにきわめて重要なことです。

2　経営管理（ガバナンス）態勢

Q10　経営管理（ガバナンス）態勢では何が重要でしょうか。

A　内部管理態勢の整備・確立に向けて経営陣がリーダーシップを発揮することと、逆に独断専行に陥らないことが重要です。加えて、理事による経営陣の業務執行の監視・牽制、さらには監事による監査機能の発揮が重要ポイントといえます。

――――――― 解　説 ―――――――

1　経営管理（ガバナンス）態勢とは　(図表10)

　経営管理（ガバナンス）とは、金融当局が用いる用語であり、定義は必ずしも明確ではありませんが、
① 内部管理の重要性を強調・明示する組織風土の醸成を含む、経営陣による内部管理態勢の構築・運用に向けた率先垂範した取組み、および
② 経営陣の独断専行を牽制・抑止し、適切な業務執行を実現するための、他の理事、さらに監事による監督・監視
という2つの要素から構成されているといえます。
　内部管理態勢を確立するためには、①経営陣自身が、高い職業倫理観を組織に涵養し、管理態勢の整備・運用にリーダーシップを発揮することが重要です。逆に、②経営陣が、職業倫理感を喪失して暴走し、または職責を果たさないのであれば、トップダウン型の内部管理態勢が有効に機能することはおよそ期待できないでしょう。
　金融検査マニュアルの経営管理（ガバナンス）態勢の確認検査用チェック

図表10　経営管理（ガバナンス）態勢

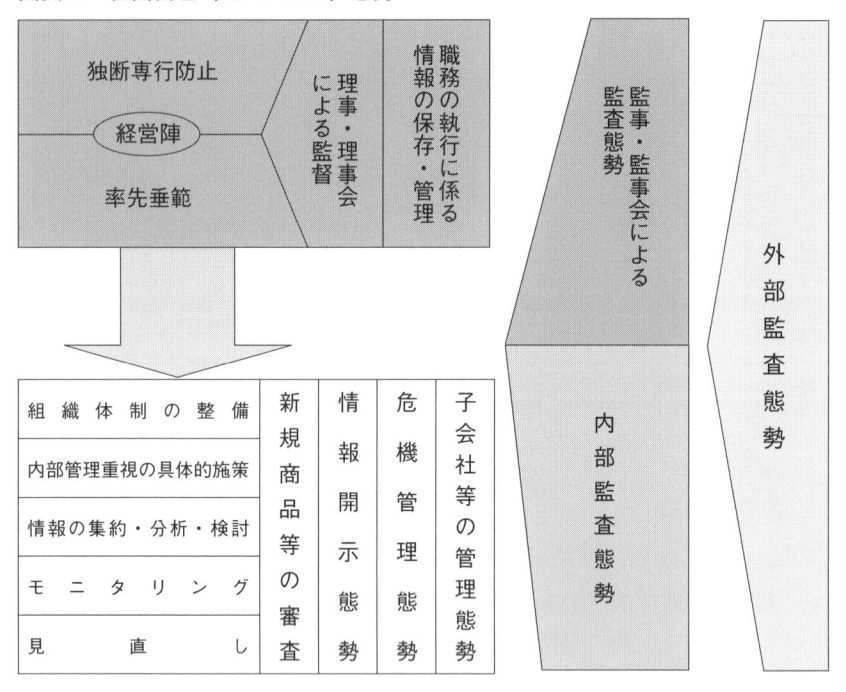

　リストでは、金融機関の経営管理（ガバナンス）の基本的要素が機能しているかを検証することとしており、①代表理事、理事および理事会による経営管理（ガバナンス）態勢、②内部監査態勢、③監事による監査態勢、④外部監査態勢といった4つの基本的要素がその機能を実効的に発揮しているかという観点から、それぞれ検証することとしています。このうち、②内部監査態勢は、後述（Q13）のように「経営陣の目」として機能することが、また、④外部監査態勢は内部監査態勢や監事監査態勢を補完するものとして位置づけられています。

2　検査指摘事例

　経営管理（ガバナンス）態勢に関する金融検査での指摘も、大きく2つ、

①リーダーシップの発揮不足に係るものと、②独断専行の防止の不足に係るものとに分類することができます。

　①については、たとえば、内部監査の活用等による実態把握や、法令違反等業務運営上の問題の発見や改善の端緒としての苦情情報の活用を行っていないことから、重要な問題を経営陣が見過ごしている事例などが検査事例集にあります。

　②については、理事会が代表理事へ多大な権限委任を行い、代表理事の独断専行を容認しているほか、元役員による不祥事件が発生しているなど、牽制機能が発揮されておらず、監督機能も弱体化しており、経営管理（ガバナンス）態勢は不十分なものとなっている事例などがあります。

Q11 経営計画が金融検査で重視されるのはなぜでしょうか。

A 「正しく収益をあげる」ための内部管理において、いわば「一丁目一番地」の位置づけにあるためです。

――――――― 解　説 ―――――――

1　検証ポイント

　金融検査において、経営（事業）計画や戦略目標（収益、費用、資本政策等）については、①中期的な展望もふまえ、その合理性や持続可能性の観点から、十分な分析と検討が行われているか、また、②金融機関全体の戦略目標をふまえた事業分野ごとの戦略目標と、各種リスク管理方針とが整合的であるかが検証されます。検査事例集において、①では、事業計画の策定について理事会は、事業計画が毎期大幅な未達となっているにもかかわらず、その原因分析や改善策の検討を担当部署に指示しないまま、経営実態と乖離した次年度の事業計画を承認しているなどの事例があります。

2　問題事象の発生原因となる事業計画

　②について、金融検査マニュアルにおける該当チェック項目を持ち出すまでもなく、コンプライアンスや利用者保護等の重視を標榜していない金融機関は1つもないでしょう。しかし、他方において、収益偏重による利用者軽視等の重大な問題を生じ、厳しい行政処分等に至っている事例も散見されます。この点、たとえば、融資先事業者に対して販売に取り組んだ金利スワップ商品を中心として、融資業務を通じた取引上優越した地位を不当に利用して販売した独占禁止法（優越的地位の濫用）の規定に違反する事案（懸念事案を含む）が少なからず認められた事例があります。

この事例では、抜本的な改善には、制度、態勢の改革のみならず役職員の根本的な意識改革が必要であり、そのためには相応の時間がかかるとされており、コンプライアンス意識や職業倫理観という、内部管理態勢を運用するための「魂」の入れ直しを要する、とまで言及されています。

　もっとも、このような問題事例にかかわった個人としての従業員にコンプライアンス意識が欠落しているのではないと思います。押込販売を喜々として行っている従業員は、おそらく１人もいないはずでしょう。

　支店等の現場において利用者に対する「違反行為」が生じている場合、そこには「目標必達」という、経営陣やその意向を受けた業務推進部署等からのメッセージに起因する強いプレッシャーの存在が背景となっていることがあります。この点、上記事例における「処分の理由」では、「法令等遵守より収益獲得優先の常態化」として、本店が年度ごとに策定する業務計画においては、地域特性や実績の分析を十分に行わず、機械的に前年度実績をもとに収益目標を現場に課しており、貸出金の積上りが困難ななか、目標達成のため取り組みやすい金利スワップ商品の販売に傾斜する現場の実態や、現場に対する本店指導は収益目標の進捗管理が中心であり、現場に対する評価も収益目標の達成度にほぼ連動していたなどという、経営計画等における収益目標が「正しく収益をあげる」ものとして立てられていなかったことが、根本的な問題として指摘されています。

3　経営計画等の検証

　図表11は、金融検査マニュアルの経営管理チェックリストのⅠにおける「１　経営方針の策定等」に記載されているチェック項目に関するイメージ図です。

　この項目では、まず、金融機関においては、「その目指す目標」としての経営理念、および、その達成に向けた「経営方針」を明確に定めているかが、確認検証事項としてあげられています。次に、経営方針に沿った「収益」目標を達成するため、いわば収益管理態勢に係るPDCAサイクルにおけ

図表11　経営方針の策定等

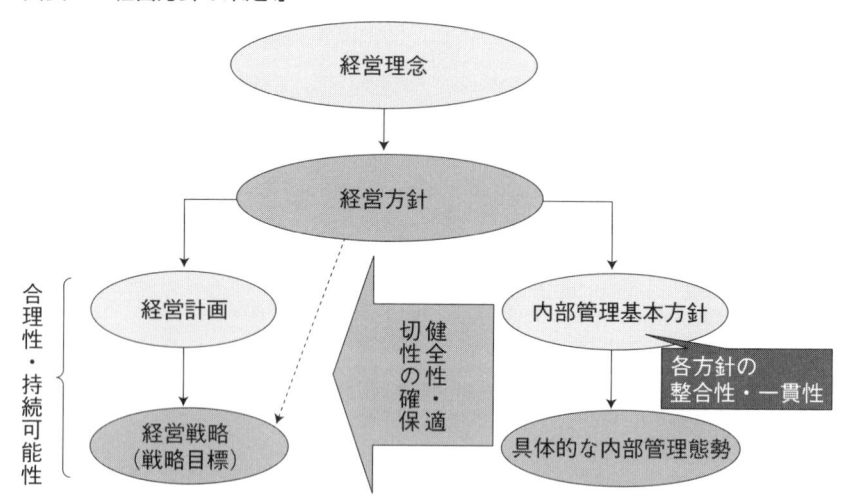

```
                    経営理念
                       │
                       ▼
                    経営方針
          ┌───────────┼───────────┐
          ▼           │           ▼
  ┌─ 経営計画          │      内部管理基本方針
合│     │          健全性・   │         各方針の
理│     ▼          適切性の   ▼        整合性・一貫性
性│  経営戦略        確保    具体的な内部管理態勢
・│ （戦略目標）
持│
続
可
能
性
```

る「Plan」に該当する「経営計画」を、また、より具体的な戦略等を定めた「戦略目標」を定める、という流れとなります（図表11左側）。

　他方、「管理」、すなわち内部管理態勢に係るPDCAサイクルの「Plan」として、まず「内部管理基本方針」を策定し、これをふまえた具体的な内部管理態勢を整備・確立していく（図表11右側）こととなり、そのための経営陣の率先垂範した取組みなどという「2　理事・理事会の役割・責任」以降のチェック項目へと進んでいきます。

　もっとも、「1」において最も重要なことは、経営計画や戦略目標の内容が「数字が先にありき」ではなく、法令等遵守・利用者保護等・リスク管理を軽視した収益偏重のものとならないよう、コンプライアンスやリスク管理等もしっかり取り組むことをふまえてもこの収益目標でいけるのか十分検討したうえで、「正しく収益をあげる」計画となっているか、ということでしょう。

　もちろん、経営陣は、「コンプライアンスやリスク管理等をないがしろにしてでも」とのメッセージを発してはいないでしょうが、「収益と管理のバランス」の配慮を欠いた計画が支店等の現場にどう受け取られ、どのような行動を引き起こしてしまうか、再認識する必要があります。

Q12 「内部管理基本方針」という名称の方針を、「内部統制システムに関する基本方針」とは別に、新たに策定する必要があるのでしょうか。

A 金融検査マニュアルの内部管理基本方針は「内部統制システムに関する基本方針」に包含されていることが多いため、内部管理基本方針を別途策定するような対応は基本的に不要でしょう。

----------- 解　説 -----------

1　内部統制基本方針との関係

　金融検査マニュアルにおいては、内部管理基本方針、つまり「当該金融機関の業務の健全性・適切性を確保するための態勢の整備に係る基本方針」の策定がチェック事項とされています。この内部管理基本方針と、農協によってはすでに策定されている「内部統制システムに関する基本方針」との関係は、会社法に基づく「内部統制基本方針」の場合と同様に考えられます。

　すなわち、金融庁は、「取締役会による会社法上の内部統制に関する基本的事項の決定を方針にしたものとして、「内部管理基本方針」が定められる場合もあると思われます」との考え方を示しており、会社法に基づく内部統制基本方針とは別途のものとして、金融検査マニュアルにおける内部管理基本方針が定められることを必ずしも前提としていません。

　もちろん農協には会社法が直接適用されませんが、農協によってはすでに、会社法における内部統制基本方針と同様の「内部統制システムに関する基本方針」として、

① 理事の職務の執行が法令および定款に適合することを確保するための体制
② 理事の職務の執行に係る情報の保存および管理に関する体制

③　損失の危険の管理に関する規程その他の体制
④　理事の職務の執行が効率的に行われることを確保するための体制
⑤　使用人の職務の執行が法令および定款に適合することを確保するための体制
⑥　子会社における業務の適正を確保するための体制、ならびに
⑦　監事の監査が実効的に行われることを確保するための体制

について定めているところも見受けられます。そして、これらは、④を除いて、金融検査マニュアルにおける、金融機関の業務の健全性・適切性を確保するための内部管理態勢の内容とほぼ同じとなっています。

　したがって、金融検査マニュアルの内部管理基本方針は「内部統制システムに関する基本方針」に包含されているといえ、内部管理基本方針を別途策定するような対応は基本的に不要でしょう。

　もっとも、金融検査マニュアルをふまえて具体的な内部管理態勢の改善・強化が行われるのであれば、これに伴って「内部統制システムに関する基本方針」の内容についても見直しを要しないかを検討し、必要な変更等は適時に行われるべきでしょう。

2　各リスク管理方針

　次に、金融検査マニュアルには、「各リスク管理方針」との記載もありますが、それぞれのリスク・カテゴリーごとに管理方針を定めることは必ずしも要しないでしょう。

　すなわち、各リスク管理方針についても、「内部統制システムに関する基本方針」の一部である上記③の損失の危険の管理に関する規程その他の体制の整備の基本方針として、すでに定められているはずです。よって、これを、形式的にリスク・カテゴリーごとに分解し、それぞれのリスク管理方針を策定し直す必要はないといえます。ただし、その内容については、上記と同様に、金融検査マニュアルへの対応に伴って見直しの要否の検討等を行うべきでしょう。

Q13 内部監査態勢を整備する際のポイントは何でしょうか。

A 内部監査は、内部管理態勢（図表13）が整備・運用されているか、「経営陣の目」となって検証する重要な役割を担っています。その役割を果たすため、内部監査部門の独立性・専門性を確保することなどが重要です。

――――― 解　説 ―――――

1　内部監査の役割

　金融検査マニュアルで内部監査とは、被監査部門（リスク管理部門を含む）等から独立した内部監査部門が、被監査部門における内部管理態勢を検証するプロセスであるとされています。

　監査対象となる内部管理態勢とは、前述（Q3）のように法令等遵守・利用者保護等管理やリスク管理といった業務の「適切性・健全性」と、独立した金融機関として収益をきちんとあげていくため業務の「効率性」を両立させ、「正しく収益をあげ」て金融機関が持続的に発展するための仕組みです。内部監査の役割は、そのような仕組みが整備・運用されているかを検証することといえます。

　内部監査態勢は、経営管理（ガバナンス）態勢のなかに位置づけられています。経営管理には、前述（Q10）のように、経営陣がリーダーシップを発揮して内部管理態勢を整備・運用することがあります。これに関して、内部管理態勢上の問題点を経営陣が把握した場合には、率先してその是正に取り組み、改善を図ることが求められますが、経営陣自身がそのためのチェックをすべて行うことは不可能であり、内部管理態勢の整備・運用状況を「経営陣の目」として検証・評価等する部門として、内部監査部門を設置すること

Ⅰ　金融検査マニュアルと内部管理態勢

が必要となってきます。

2 「経営陣の目」としての要件

　内部監査部門が「経営陣の目」として内部管理態勢の検証を行うためには、中立・公正に監査業務が遂行できる「独立性」と、監査を的確に遂行できる能力としての「専門性」といった要件を兼ね備えることが欠かせません。

　① 独立性

　この点、検査事例集では、①内部監査部門の担当役員がリスク管理統括部門の担当役員を兼務していることなどから、リスク管理の状況等について客観的な立場から検証する態勢が不十分な事例や、②内部監査部門にリスク計測に関して専門性を有する人員を配置していないことから、仕組商品等のリスク計測の適切性等に係る監査が実施できていないといった事例があります。

　② 専門性

　専門性については、とりわけ市場リスク管理やシステムリスク管理に係る監査要員の知識不足が課題となることが少なくありません。多様な監査に対応するには、監査要員として多様な人材の投入や教育研修の充実が重要ですが、外部の専門家を活用して内部監査機能を補強・補完することも考えられます。たとえば、中小・地域金融機関においては、信用リスク計量部門、市場証券部門等に対する内部監査を実施するに際して、十分な人材の確保、育成ができていない、といったケースが想定され、実際そうしたケースも多いと聞きます。

　この場合、金融検査マニュアルでは、外部の専門家を活用することにより内部監査機能を補強・補完している場合においても、その内容や結果等に引き続き責任を負っているかがチェック項目としてあげられています。つまり、外部の専門家が補強・補完した監査結果について、その結果をふまえた適切な措置を講じないことによる責任を負う主体は、あくまでも経営陣にあ

図表13　内部監理態勢のPDCA

P	内部管理基本方針		
	内部監査方針（あるべき姿）		
	内部監査計画（リスクベース・アプローチ）		
D	内部監査規程		
	内部監査実施要領	理事会	情報収集
		担当理事	報告・連絡
	内部監査実施細則	内部監査部門・担当者	人事考課・配置転換
	研　修		
	内部監査の実施		
C	有効性・実効性の分析・評価		
A	改善活動		

ることに変わりはないことに留意すべきです。この点、検査事例集においても、外部監査の指摘事項に対する対応状況については、指摘を受けた担当部署による個別対応となっているほか、担当部署から常務会等に対し対応状況等に係る報告が行われていないなど、経営陣が外部監査の活用状況を確認する態勢が構築されていない事例があります。

③　聖域なし

最後に、内部監査の対象に「聖域」があっては「経営陣の目」としての役割を発揮できません。この点、経営陣が内部監査部門に対し十分な権限を与えていなかったことから、内部監査がその機能を発揮していないような場合には、経営管理（ガバナンス）態勢の問題として指摘を受けることとなります。

> **Q14** 監事監査は内部管理態勢においてどのような位置づけなのでしょうか。監事監査の事務局を内部監査部門の職員が兼務していることは問題ないでしょうか。

> **A** 内部監査部門職員の兼任は直ちにそれ自体が否定されるものではありませんが、監事は「理事への目」として理事からの独立性を要するため、利益相反に注意が必要といえます。

---- 解　説 ----

1　内部管理態勢における「最後の砦」

　監事監査は、「理事への目」としての監視・牽制機能の発揮が求められており、内部管理態勢における「最後の砦」といえます。そのため金融検査マニュアルでは、監事や監事会の、組織上・業務の遂行上の独立性が確保されているか、特に、監事の調査権限および報告権限を妨げることや、監査費用支出に不合理な制限を設けることを排除しているかが検証事項となっています。

　また、監事がその職務を適切に遂行するためには、理事、内部監査人、コンプライアンス統括部門の管理者、子会社の取締役等との間の緊密な連携を図り、定期的な報告を求めるなど、情報の収集および監査の環境の整備に努めることや、補佐する適切な人材を、適正な規模で確保することも重要となってきます。なお、金融庁は、補佐のための人員がなくとも、監事の職務を十分遂行できる場合や兼担者で十分に補佐業務が遂行できる場合には、補佐のための専担者を選任しなくとも不適切とするものではないとしています。

2　「利益相反」に注意

　農協では、内部監査部門の職員が監事監査の事務局を兼任することも多い

ようです。

　もっとも、内部監査部門は前述（Q13）のように「経営陣の目」として機能することが求められており、経営陣からの独立性はない一方、監事監査は、経営陣や理事会レベルのPDCA（ガバナンス態勢）を監視する機能を担っていることから、一種の緊張関係にもあるといえます。つまり、内部監査部門職員が監事・監事会を補助することは、普段「目」となっている執行側である理事の不備・問題点の指摘、ひいては職員自身の役割や機能発揮等に係る問題や課題に及ぶ可能性もあることも否定できません。よって、内部監査部門職員が同時に監事、監事会の補完機能を担うことは、少なくとも潜在的に一種の利益相反のおそれがあると思われます。

　したがって、監事監査の機能発揮の観点から、直ちに内部監査部門の職員の兼任・活用が禁じられるものではないでしょうが、これに伴う上記のような潜在的な利益相反の可能性を十分ふまえて、これを補うような適切な施策を講じておくことが必要な場合もありうることに留意を要します。逆に、もしかかる懸念が払拭できないのであれば、専担職員を選任することも検討すべきでしょう。

3　金融円滑化編

Q15　金融検査マニュアルの「金融円滑化編」とは何ですか。

A　「金融円滑化編」は、金融円滑化法の遵守状況のみならず金融の円滑化の実効性確保のために特に留意すべき検査項目を整理したものです。

――――――――――― 解　説 ―――――――――――

「金融円滑化編」は、時限立法である金融円滑化法の施行期間中における同法の遵守状況等に限られない、検査において金融の円滑化の実効性確保のために特に留意すべき項目を整理したものです。「金融円滑化編」で定められている「金融円滑化管理」では、たとえば対象債務者は中小企業者や住宅ローン借入者に限られないすべての債務者となっており、また、既存貸付債権の条件変更等の対応だけでなく新規与信から債権回収後の対応まで含まれています。そのため、「金融円滑化編」のうち、金融円滑化法に係る項目以外の項目は、同法の期限が到来した後の検査においても適用されることとなっており、恒久措置として位置づけられています。

金融の円滑化は、金融機関の重要な役割の１つであると考えられており、経営陣には、金融円滑化管理方針を決定し、組織体制の整備を行うなど、金融機関の業務の全般にわたる金融円滑化管理態勢の整備・確立を自ら率先して行う役割と責任があるとされています。

そのうえで金融検査においては、
①　債務者の経営実態等をふまえて、適切に新規融資や貸付条件の変更を行うこと

② 債務者の経営実態をふまえて、経営相談・経営指導および経営改善に関する支援を行うこと
③ 与信取引に関し、利用者に対する説明が適切かつ十分に行われること
④ 利用者からの与信取引に係る問合せ、相談、要望および苦情への対応が適切に実施されること

等を確保するための態勢が有効に機能しているかについて検証することになっています。

Q16 金融円滑化管理においては、利用者への対応として何が重要でしょうか。

A 「貸渋り」「貸剥がし」の防止や金融円滑化法の遵守はもちろんですが、金融の円滑化を促進するためには、①「目利き能力」の向上、②「客観的合理的理由」の存在、および③説明義務・説明責任の徹底といった取組みも重要となります（図表16）。

--- 解　説 ---

金融の円滑化を促進するためには、いわゆる「貸渋り」「貸剥がし」の防止なども必要ですが、そもそも金融機関やその担当者が、

① 「目利き能力」（不動産担保、個人保証に過度に依存することなく、取引先である中小企業者等に係る定性情報を含めた地域での情報を生かしてその事業価値を見極める力）を向上させて事業価値等を見極めること
② 利用者の資金調達ニーズや信用力等に適した資金供給方法や取引内容の提案、提供を行うこと（取引内容等の「客観的合理的理由」の存在）
③ 利用者に理解される方法・程度による重要事項の説明を行うこと

図表16　金融円滑化における利用者対応

取引の流れ	利用者への対応	
	すべきこと	禁止行為
情報収集	(1)「目利き能力」の向上	・虚偽告知 ・断定的判断の提供 ・優越的地位の濫用　等
提　案	(2)「客観的合理的理由」の存在	
契約締結	(3) 説明義務・説明責任の徹底 （契約締結後もあり）	

が重要といえます。

　また、金融円滑化法に基づく貸付条件の変更等の申込みが行われた場合には、中小企業者の事業についての改善や再生の可能性等を勘案しつつ、できる限り条件変更等に努めるとともに、事業の持続可能性等に応じたコンサルティング機能の発揮が必要です。

　なお、アパートローンを利用してアパート経営を行っており、不動産業に該当する業務を行っている個人事業主も、金融円滑化法の対象債務者である「中小企業者」に該当します。

Q17 融資業務では、農協法上どのような行為が禁止されているのでしょうか。また、優越的地位の濫用と誤認されないため、どのようなことに注意が必要でしょうか。

A 虚偽告知や断定的判断等の提供の禁止、説明義務違反に加えて、優越的地位の濫用が禁止されています。優越的地位の濫用と誤認されないようにするためには、客観的合理的理由の存在に加えて、利用者目線に立った丁寧な説明を行うことが重要です。

------- 解 説 -------

1　一般的な禁止行為

　農協法では、その信用事業に関し、利用者に対し、①虚偽のことを告げる行為、②不確実な事項について断定的判断を提供し、または確実であると誤認させるおそれのあることを告げる行為、および③その営む業務の内容および方法に応じ、利用者の知識、経験、財産の状況および取引を行う目的をふまえた重要な事項について告げず、または誤解させるおそれのあることを告げる行為が禁止されています（詳しくはQ30の3）。

　融資業務での具体的な禁止行為としては、たとえば、②については、貸付の決定をする前に、利用者に対し「融資は確実」と誤認させる不適切な説明が考えられます。また、③の「重要な事項について告げ」ないことの禁止については、利用者から融資契約の内容について問合せがあったにもかかわらずその内容について回答せず、利用者に不利益を与えることや、利用者が契約の内容について誤解し、またはその蓋然性が高いことを認識しつつ正確な内容を告げず、利用者の適正な判断を妨げることは、これに該当するおそれが大きいといえます。

2　優越的地位の濫用の禁止

　金融機関における特徴の1つとして、利用者、とりわけ自金融機関をメインバンクとする中小企業者等に対して「優越的地位」、つまり利用者が自金融機関に対して取引上の依存性を有していることがあげられます。

　そのため、農協法では、優越的地位の「濫用」、つまり自組合にかえて、それ以外の金融機関からの融資によって資金手当をすることが困難であることを悪用する行為や要請を防止すべく、利用者に対して、農協としての取引上の優越的地位を不当に利用して、取引の条件または実施について不利益を与える行為などを禁止しています（農協法11条の2の3、信用事業命令10条の3第3号）。

　たとえば、貸付取引については、資金需要のない利用者に対する期末日をまたいだ貸出や、資金需要日前の貸出など、利用者に無用の金利負担を強いるような客観的合理的理由のない行為は、優越的地位の濫用に該当するおそれが高いといえます。

　また、監督指針に記載されている捨印慣行の不適切な利用や、契約の必要事項を記載しないで自署・押印を求めた後に職員等が必要事項を記載し書類を完成する等の不適切な取扱いも、優越的地位の濫用と誤認されかねない行為と考えられます。

　監督指針では、金融機関に対して、このような行為が行われないように法令等遵守態勢を確立する一方で、客観的合理的理由について、利用者の理解と納得を得ることを目的とした説明態勢の整備を求めています。

　優越的地位の濫用およびその誤認の防止のためには、客観的合理的理由がきちんと存在することに加えて、取引担当者においても、中小企業者等に対して自身が「優越的地位」にあることを常に自覚し、理解と納得を得ることを目的とした利用者目線に立った丁寧な説明を行うことが態勢の要となるでしょう。

Ⅰ　金融検査マニュアルと内部管理態勢

Q18 住宅ローンでは、金融円滑化管理としてどのようなことに注意が必要でしょうか。

A 住宅ローンについては、利用者の経済状況等の実態に応じた無理のない返済計画に基づくきめ細やかな相談と融資判断を行うとともに、金利変動リスクや手数料等について十分な説明を行うことが重要です。また、融資後の対応については、金融円滑化法もふまえて、返済条件の変更等を含め、債務者の経済状況や生活状況を十分ふまえた柔軟で迅速な対応を行う相談体制の充実が必要です。

解　説

1　無理のない返済計画

　住宅ローンについては、利用者の将来にわたる無理のない返済を念頭に置きつつ、利用者の経済状況等の実態に応じたきめ細やかな融資判断を通じた資金供給の円滑化を促していくことが重要です。この点、金融機関としては、返済計画の策定・相談に際して、たとえば、頭金がどのくらい用意できるのか、ローン返済額の収入に占める割合、金利タイプ（金利変動型・一定期間固定金利型・全期間固定金利型）、返済方法（元利均等返済・元金均等返済）、また、最近のようにボーナス支給額の減少が懸念される環境ではボーナス払いを併用することの適否、さらには失業補償や疾病保障などの住宅ローンの付帯サービスを利用することの適否など、利用者の人生設計をふまえたきめ細やかな助言と判断を行うことが重要です。

2　金利変動リスク等の説明

　住宅ローンに係る適切な情報提供とリスク等に関する説明については、まず、監督指針では、特に、金利変動型または一定期間固定金利型の住宅ロー

ンに係る金利変動リスク等について十分な説明を行うとともに、説明にあたっては、たとえば、「住宅ローン利用者に対する金利変動リスク等に関する説明について」（平成17年３月４日：農林中央金庫）に沿った対応を行うこと、また、適用金利が将来上昇した場合の返済額の目安を提示する場合には、その時点の経済情勢において合理的と考えられる前提に基づく試算を示すことが求められています。

　住宅ローン契約に関する利用者説明について、監督指針の上記内容のほか金融検査マニュアルでも、与信取引に関する利用者説明に際して適切かつ十分な利用者説明が行われる態勢の整備が着眼点となっており、特に住宅ローン契約では「商品やリスクについて、利用者の知識・経験に対応して図面や例示等を用いて平易に説明し、書面を交付して説明しているか」および「金利変動型又は一定期間固定金利型の住宅ローンについては、金利変動リスクを十分説明しているか」がチェック項目にあげられています。

3　融資後のきめ細やかな対応

　平成23検査事務年度の検査基本方針では、住宅ローンについて、条件変更等の相談・申込みがあった場合に、債務者の経済状況や生活状況を十分ふまえた適切な対応を行うための態勢が整備されているか等について重点的に検証するとしています。

　この点、金融機関では住宅ローンの返済相談窓口を設けるところがふえてきています。昨今の経済不況下でボーナスの大幅カットなど収入環境が急変しており、ボーナス月の返済など住宅ローンの返済が厳しいと感じている利用者も少なくないでしょう。もっとも、返済条件の変更については利用者のほうから相談を求めづらいものです。金融機関においては、利用者のほうから早期に相談に来てもらえるよう、普段からコミュニケーションをより密に行い、場合によっては利用者訪問を行うなどして相談体制の周知に努めるとともに、返済条件の変更などのメニューの充実と対応のさらなる柔軟性・迅速性の促進が期待されます。

4 リスク管理等編

Q19 「リスク管理等編」はどのような構成になっているのでしょうか。それぞれの態勢で管理すべきリスク等は何でしょうか。

A 「リスク管理等編」は、法令等遵守、利用者保護等や各種リスク管理において留意すべき検査項目を取りまとめています（Ｑ１の図表１）。

------- 解　説 -------

1　法令等遵守

　法令等遵守態勢を整備・確立することは、金融機関の業務の適切性を確保するための最重要課題の１つとなっています。経営陣には、法令等遵守に係る基本方針を決定し、組織体制の整備を行う等、金融機関の業務の全般にわたる法令等遵守態勢の整備・確立を自ら率先して行う役割と責任があります。

2　利用者保護等管理

　金融機関の経営陣をはじめとする各役職員が、利用者の視点から自らの業務をとらえ直し、不断に検証し改善する姿勢が重要であり、金融機関に対する公共の信頼は、このような絶えざる見直しの努力のうえに成り立つものであることを十分に理解していることが重要です。

　検査においては、
① 利用者に対する説明が適切かつ十分に行われること

② 利用者からの相談・苦情等への対処が適切に処理されること
③ 利用者の情報が漏えい防止の観点から適切に管理されること
④ 業務の外部委託時の業務遂行の的確性および利用者情報の適切な管理
⑤ 金融機関またはグループ関連会社による取引に伴い利用者の利益が不当に害されることのないよう利益相反の適切な管理

等を確保するための態勢が有効に機能しているかについて検証することとなります。

3　統合的リスク管理

　金融機関の直面するリスクに関して、自己資本比率の算定に含まれないリスク（与信集中リスク、金利リスク等）も含めて、それぞれのリスク・カテゴリーごと（信用リスク、市場リスク、オペレーショナル・リスク等）に評価したリスクを総体的にとらえ、金融機関の経営体力（自己資本）と比較・対照することによって、自己管理型のリスク管理が行われているかが検証されます。

4　自己資本管理

　自己資本管理とは、自己資本充実に関する施策の実施、自己資本充実度の評価および自己資本比率の算定を行うことをいいます。そのうち、「自己資本充実度の評価」とは、金融機関の直面するリスクに関して、自己資本比率の算定に含まれないリスク（与信集中リスク、金利リスク等）も含めて、それぞれのリスク・カテゴリーごとに評価したリスクを総体的にとらえたものを、金融機関の経営体力（自己資本）と比較・対照することによって、直面するリスクに見合った十分な自己資本を確保しているかを定性的・定量的に評価することをいいます。

5　信用リスク管理

　信用リスクとは、信用供与先の財務状況の悪化等により、資産（オフ・バ

ランス資産を含む)の価値が減少ないし消失し、金融機関が損失を被るリスクのことです。この点、債務者の実態を把握し、経営相談・経営指導および経営改善に向けた取組みへの支援を行うことは、金融円滑化管理のみならず信用リスク削減の観点からも重要とされています。

6　資産査定管理

　資産査定とは、金融機関の保有する資産を個別に検討して、回収の危険性または価値の毀損の危険性の度合いに従って区分することであり、貯金者の貯金などが、どの程度安全確実な資産に見合っているか、言い換えれば、資産の不良化によりどの程度の危険にさらされているかを判定するものです。なお、金融機関自らが行う資産査定のことを「自己査定」といいます。

　自己査定は、金融機関が信用リスクを管理するための手段であるとともに、適正な償却・引当を行うための準備作業となるものであり、この自己査定結果に基づき、貸倒れ等の実態をふまえ、債権等の将来の予想損失額等を適時かつ適正に見積もり、償却・引当を行うこととなります。このような自己査定から償却・引当を行うまでの一連の管理を資産査定管理といいます。

7　市場リスク管理

　市場リスクとは、金利、為替、株式等のさまざまな市場のリスク・ファクターの変動により、資産・負債(オフ・バランスを含む)の価値が変動し損失を被るリスク、資産・負債から生み出される収益が変動し損失を被るリスクをいいます。金融機関の戦略目標、業務の規模・特性およびリスク・プロファイルに見合った適切な市場リスク管理態勢が整備されているかが検証されます。

8　流動性リスク管理

　流動性リスクとは、運用と調達の期間のミスマッチや予期せぬ資金の流出により、必要な資金確保が困難になる、または通常よりも著しく高い金利で

の資金調達を余儀なくされることにより損失を被るリスク（資金繰りリスク）および市場の混乱等により市場において取引ができなかったり、通常よりも著しく不利な価格での取引を余儀なくされることにより損失を被るリスク（市場流動性リスク）をいいます。

9　オペレーショナル・リスク管理

　オペレーショナル・リスクとは、金融機関の業務の過程、役職員の活動もしくはシステムが不適切であることまたは外生的な事象により損失が発生しうる危険、および金融機関の内部管理上オペレーショナル・リスクと定義したリスクをいいます。

　オペレーショナル・リスクの範囲としては、事務リスクやシステムリスク以外にも、その他オペレーショナル・リスクとして、たとえば、法務リスク、人的リスクなども含まれることに留意する必要があります。

Ⅱ

法令等遵守態勢

1　全　般

Q20 コンプライアンスとは何でしょうか。法令を守るだけでは不十分なのでしょうか。

A コンプライアンスとは、一般的に法令に限らず組合内規則や社会的規範等をも遵守することと定義されています。これは、コンプライアンスの目的が、たとえば組合員、利用者や地域社会などからの信頼を確立することにあり、そのためには単なる「法令遵守」では十分でないからです。

----解　説----

1　法令等遵守の意味

　コンプライアンスについては、必ずしも確定的な定義はありませんが、「法令等遵守」として、法令に限らず、倫理憲章や農協の内部規程、さらには社会的規範なども含む、業務に関連するあらゆるルールを遵守するというのが一般的なものとなっています（図表20）。

　これに対して、法令と「等」とで序列をつけ、まずは「法令遵守」を徹底する取組みもありえます。しかし、このような考え方はコンプライアンスを、法令知識の詰込みや、法令以外の「等」を軽視するという社会的にみて誤った姿に陥らせるおそれもあります。

　コンプライアンスは、それ自体が目的でなく、経営理念にのっとって「正しく収益をあげる」という内部管理に資する取組みでなければなりません。そして、農協が「正しく収益をあげる」には、組合員、利用者や地域社会などからの信頼を得ることが欠かせないでしょう。つまり「信頼の確立」こそ

図表20　コンプライアンス≠法令（等）遵守

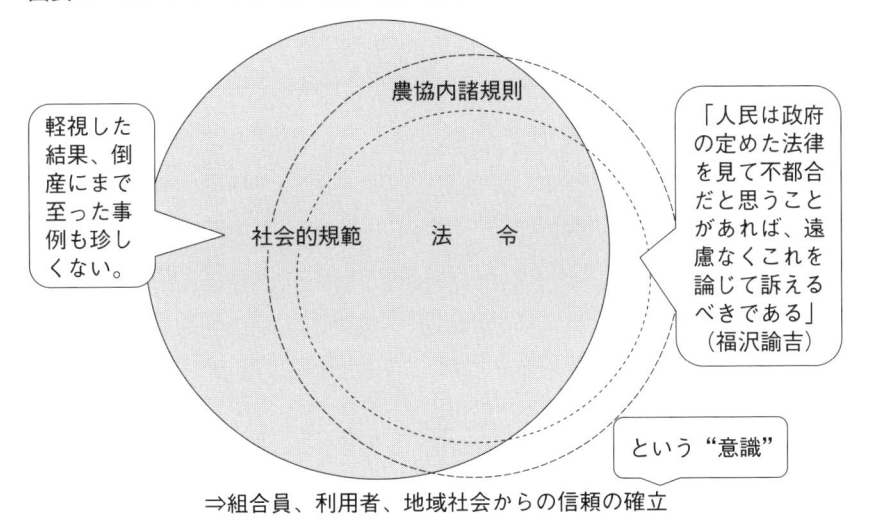

軽視した結果、倒産にまで至った事例も珍しくない。

農協内諸規則

社会的規範　　法　令

「人民は政府の定めた法律を見て不都合だと思うことがあれば、遠慮なくこれを論じて訴えるべきである」
（福沢諭吉）

という"意識"

⇒組合員、利用者、地域社会からの信頼の確立

がコンプライアンスの直接的な目的といえ、信頼を確立するためのコンプライアンスでは、法令でなくとも社会的規範などとして農協に求められていることは同等に遵守しなければなりません。たとえば、反社会的勢力との一切の関係遮断（Q27）は必ずしも法令上の義務ではありませんが、社会的要請を軽視して業務を反社会的勢力関係企業に委託し、強い社会批判を浴びて結果的に破綻してしまった大企業も現にあります。

2　知識の前に意識

このようにコンプライアンスとは、法令上の義務であるかを問わず、「信頼の確立」のためにすべきことを行い、逆にしてはならないことは行わないという「意識」に基づく取組みともいえます。もともと多くの法令は、利用者や社会などからの要請に基づき制定されるのですから、そのような取組みは、法令知識が必ずしも十分でなくても、結果として法令遵守もおおむね達成しているはずでしょう。

なお、「信頼の確立」を礎とするコンプライアンスでは、時の経過などに

より社会的要請から乖離した法令については、「悪法も法」として我慢して守り続けるより、ユーザーである業者からその改廃に向けた積極的な働きかけを行うことにつながっていくことも期待されます。

Q21 法令等遵守態勢とは何でしょうか。態勢整備に際して重要なことは何でしょうか。

A 法令等遵守態勢とは、コンプライアンスを実践するための仕組み、いわば手段です。ルール策定や組織体制の整備などに際しては、実践を「起点」とた発想で取り組むことが重要です。

―――――――――― 解　説 ――――――――――

1　実践が起点

　法令等遵守態勢とは、コンプライアンスの実践を支えるための仕組み、手段といえます。法令等遵守態勢は、他の管理態勢と同様にPDCAサイクルに沿って整備・運用されることが一般的です。

　図表21の左側に書いてあるのは、計画、実践、評価、改善というPDCAサイクルの頭文字です。

　法令等遵守態勢を整備する際の発想は、内部管理態勢におけるPDCAサイクルの回し方（Q6）で述べたことと同じです。法令等遵守態勢における中核は実践、「DoのなかのDo」ですが、職員に対して「いまからコンプライアンスをしっかり実践しなさい」と単に指示したとしても、職員のほうとしては「何をどうすればよいのだろうか」と戸惑ってしまうのが普通の姿だと思います。いくら「意識」が重要といっても、最低限の「知識」がなければ実践にはつながりません。

2　ルールの策定

　そこで、何をどうすればよいのかを解説するルールブックとしてコンプライアンス・マニュアルを策定したり、もしくは業務マニュアルのなかにコンプライアンスに係る事項も盛り込んでいき、業務マニュアルに従って業務を

図表21　法令等遵守態勢のPDCA

P	法令等遵守方針		
	リスク分析・評価		
	コンプライアンス・プログラム		
D	コンプライアンス規程		
	倫理憲章 行動規範 コンプライアンス・マニュアル	担当理事	「コンプライアンス関連情報」の収集・伝達
		コンプライアンス委員会	
		統括部署	リーガル・チェック等
		コンプライアンス・オフィサー コンプライアンス担当者	支店評価・人事考課
	業務マニュアル		
	研　　修		
	実　　践　　　　　← 起点		
C	モニタリング		
A	業務内容や法令等の変更・改正、違反行為等の再発防止策等に伴う、またはモニタリング等の結果をふまえた態勢の変更・修正		

遂行することで自動的にコンプライアンスも実践できるような仕組みを整備することが考えられます。また、コンプライアンス・マニュアルにあまりに多くを記載しますと、「要するにコンプライアンスとは何か」「突き詰めていうと何が重要なのか」という本質がみえにくくなってしまいます。そこで「倫理憲章」や役職員の「行動規範」などを策定し、仔細になりがちなルールを最大公約数化することも考えられます。

3　組織体制の整備

　ルール策定や研修等を行うなどコンプライアンスを全社的に推進していくためには担当部署が必要ですから、組織体制として、コンプライアンス統括部署を本店に設置することが必要となってきます。また、本店だけでは目が

行き届かないため、支店等の現場に適宜、コンプライアンス・オフィサーや担当者を任命します。さらに、コンプライアンスの取組みを全社的に検討するために組織横断的なコンプライアンス委員会を設けることも考えられます。加えて、コンプライアンス統括部署や担当者のいうことでは、現場はなかなか聞いてくれないかもしれませんので、担当理事、場合によっては代表理事組合長自身が担当理事となってコンプライアンスを推進していくことが考えられます。

4　ツールの工夫

コンプライアンス推進のための各種ツールもそろえる必要があります。たとえば「コンプライアンス関連情報」を収集・伝達する仕組みや、新規業務や新商品等の取扱いに際しての「リーガル・チェック等」、また「支店評価や人事考課」でアメとムチを使い分けていくことも重要となってきます。

5　チェックと改善

ここまで整備すれば、職員も何をどうすればよいのか理解でき、実践となります。

そこで今度は、きちんと実践しているかどうかをモニタリングします。その方法としては、現場自身が自己点検することがまず考えられ、次にコンプライアンス統括部署がチェックを行う、そして3番目として、内部監査部門において、支店と統括部署とをあわせて点検することになります。これらのチェックを通じて認められた問題等は、徹底した原因分析を行ったうえで改善策を実施し、態勢強化につなげていきます。

6　計　　画

以上のような取組みを無秩序に行ってもうまくいきませんので、金融機関が組織として効率的、効果的に法令等遵守態勢を整備・運用していくためには、コンプライアンス・プログラムのような具体的な実践計画を、たとえば

年度ごとに策定するとの発想が出てきます。

　最後にそもそも、当組合ではどういう法令等遵守態勢を目指しているのか、「あるべき姿」を「法令等遵守方針」などで明示し、組合内外に周知することが重要となってきます。

7　「かたちだけ」と感じたら

　このように法令等遵守態勢はすべて、現場でコンプライアンスを実践することを起点とし、「そのためにはどうすればよいか」との発想で整備していくものです。このような発想がなければ、一応のかたちは整備できたとしても、運用はなかなかうまくいきません。もし、整備した態勢は立派だが「かたちだけ」になっているのではないか、と感じたときに確認する必要があるのは、現場での実践を起点にした態勢なのか、それとも、金融検査マニュアルや監督指針、もしくは業界団体の参考書式などそのまま採用し、とにかくかたちをつくり、現場には「押付け」でやらせているのではないか、ということでしょう。

Q22 コンプライアンス・マニュアルの策定で注意すべき事項は何でしょうか。

A コンプライアンスの実践という目的を達成するために、マニュアルはどのような役割を担っているのかを明確にしたうえで、「有効性」と「実効性」を兼ね備えるよう工夫を重ねてください。

──────── 解 説 ────────

1 コンプライアンス・マニュアルの役割

　コンプライアンス・マニュアルとは通常、理事会が管理者に、法令等遵守方針および法令等遵守規程（法令等遵守に関する取決めを明確に定めた内部規程）に沿って策定させた、役職員が遵守すべき法令等の解説、違反行為を発見した場合の対処方法等を具体的に示した手引書のことをいいます。

　金融検査マニュアルでは、マニュアルの内容について、役職員が遵守すべき法令等の解説や具体的かつ詳細な留意点のほか、役職員が法令等違反行為の疑いのある行為を発見した場合の対処方法等（連絡すべき部署（コンプライアンス部門、ヘルプライン、コンプライアンス・ホットライン等））が明確に規定される等適切な内容となっているかがチェック事項として掲げられています。

　もっとも、上記項目は例示であり、このような規定がなくとも、たとえば、コンプライアンス・マニュアルの役割を法令等の解説に限定し、対処手続等は内部規程やその細則等によっているなど、金融検査マニュアルに記述されているものと同様の効果を有する対応をしているのであれば、不適切とされるものではないでしょう。

　法令等遵守態勢の枠組みや施策内容は、本来、各金融機関が創意工夫するもので、それぞれの法令等遵守態勢において、コンプライアンス・マニュア

Ⅱ　法令等遵守態勢　59

ルが果たす役割は必ずしも同一ではありません。各農協においては、コンプライアンス・マニュアルという法令等遵守態勢に関する施策が、コンプライアンスという目的を達成するために、どのような役割を担っているのかをまずは明確にする必要があるでしょう。

2 「有効性」と「実効性」

　そのうえで、コンプライアンス・マニュアルに限らず、個々の施策は「有効性」と「実効性」を具備していることが重要です。

　ここで、施策の「有効性」とは、コンプライアンスという目的を達成するための手段としての適切性のことをいいます。すなわち、コンプライアンス・マニュアルの役割が、役職員が遵守すべき法令等の解説書である場合において、有効性があるといえるためには、たとえば、金融検査マニュアルに記述されるように、①各金融機関の業務内容に即した役職員が遵守すべき法令等が網羅されており、しかも、②具体的な留意点が、適切かつ平易に記載されていることが必要でしょう。逆に、①遵守を要する重要な法令等が欠落しており、また、②法文や法律図書等の文章をそのまま引き写している、というようなマニュアルでは、その役割は果たせないでしょう。加えて、業務に関連する法令改正により、役職員がとるべき行動自体が変化するようなもの、具体的には新たな義務が課されるものや、禁止行為が新設される等の場合には、コンプライアンス・マニュアルもその内容が見直され、周知が図られる必要があります。

　次に、「実効性」とは、コンプライアンス・マニュアルが、本来の役割・機能を実際に発揮しているか、逆にいえば形骸化していないか、ということです。有効性の高い実践的なマニュアルでも、たとえば、役職員に配布されておらず、または配布されていても実際に使われていなければ、やはり、本来の役割を果たすことはできず、コンプライアンスの実践という目標の達成はおぼつかないでしょう。管理者やコンプライアンス統括部署は、研修等を通じてコンプライアンス・マニュアルの内容を役職員に周知徹底し、また、活

用状況を適時モニタリングするなど、その実効性を高めることが重要です。

　なお、コンプライアンス・マニュアルが形骸化している原因の1つとして、そもそも有効性に問題があることも考えられ、その意味で、有効性と実効性は表裏一体の関係にあるといえます。

Q23 コンプライアンス研修の実施は回数が多いほどよいのでしょうか。

A 研修は回数よりも、目的を明確にしたうえで、それを達成できるよう内容、やり方や時間を工夫することが重要でしょう。

---- 解　説 ----

1　研修目的を明確にする

　コンプライアンス研修について、金融検査マニュアルでは、「コンプライアンス・マニュアルの内容を各役職員に周知徹底させているか」「各業務において遵守すべき法令等について、十分な研修・指導を行わせる態勢を整備しているか」等のチェック項目があります。

　研修の有効性・実効性を高めていく前提として重要なことは、コンプライアンス実践の手段である研修の目的・役割を明確にし、かつ受講者に明示することでしょう。コンプライアンス研修は、(もちろん行政に対するアピールではなく)受講した役職員がコンプライアンスをきちんと実践できるために開催されるのでしょう。この点、検査事例集では、「業績表彰制度における研修実施状況の評価が実施回数に重点を置いたものになっていることから、支店ごとに研修内容・時間等に相違が生じている」と、研修を実施すること自体が目的化しているような事例もあります。

2　受講者の業務内容に即した内容

　次に、研修の有効性を高めるためには、受講対象者である役職員自身のコンプライアンスとして「何をどのように行う(または行ってはならない)のか」を、受講者の実際の職責や業務内容に即して具体的かつ明確に教授することでしょう。反対に、受講者の実務との関連性が明確でない単なる法令解

説のような内容のみに終始してしまうことは避けてください。たとえば、新法が制定・施行されるのであれば、法令の遵守事項を、受講者である役職員の業務内容や手順に落とし込んで、具体的に「どこで何をどのようにしなければならないのか」との実務対応を、「なぜしなければならないのか」という趣旨目的とあわせて解説するような研修を行うことが肝要です。そのためには、コンプライアンス統括部署の講師において受講者の業務内容等を熟知したうえで研修内容を組み立てることが望ましく、逆に、支店任せとすることは統括部署としての役割と責任の放棄となってしまいます。この点、先の事例では、「管理者は、支店におけるコンプライアンス研修の運営を支店任せとしていることに加え……自己点検においても職員から研修の実効性に否定的な回数が増えているにもかかわらず、原因分析や改善を指示していない」と指摘されています。

3 「実効性」を高める工夫

　ここまでが、研修が有効性を有するために重要な事項といえます。加えて、受講者の関心を引きつけて研修の実効性を高めるため、①「違反等に対してどのような処分等がありうるのか」、逆に、②「遵守することによる人事考課上のプラス（もしあれば）」などのアメとムチを織り交ぜて話すこと、また、ロールプレイングや事例研究などの受講者参加型、さらには、理解度テストなどの効果測定などの手法が研修の有効性を高めていくでしょう。

2　不祥事件の防止

Q24 不祥事件防止態勢におけるポイントとしてどのようなことがあげられるのでしょうか。

A 防止施策をいたずらにふやすより、個々の施策の実効性を高めることがむしろ重要です。

------- 解　説 -------

1　法令等遵守態勢における重要テーマ

　金融検査マニュアルでは、不祥事件防止態勢に係る具体的な着眼点は見受けられませんが、不祥事件の予防や早期発見、対応は、法令等遵守態勢における重要項目となっています。実際、金融機関に対する信頼を維持し、業務の適切性を確保するためには、不祥事件の防止および早期発見のために堅固な態勢を確立することが喫緊の課題となっています。

　図表24は、不祥事件防止態勢のイメージを表したものです。通常、不祥事件防止態勢は法令等遵守態勢（またはオペレーショナル・リスク管理態勢）の一環として整備されています。不祥事件防止に係る役職員が遵守すべき法令等は、利用者貯金等の不正な引出しや預り金の着服、また、架空の利殖商品により金銭を騙し取るなどといった刑罰法規にも抵触するような行為の禁止であり、行政法規などと異なり、本来的には、教育研修等により周知徹底するまでもなく理解されているものがほとんどです。

　しかしながら、たとえば、なんらかの事情で多重債務者となってしまった従業員において、金融機関や利用者の金品等が身近にあるとすれば、それを着服する誘惑にかられることも現実問題としてありえます。そこで、このよ

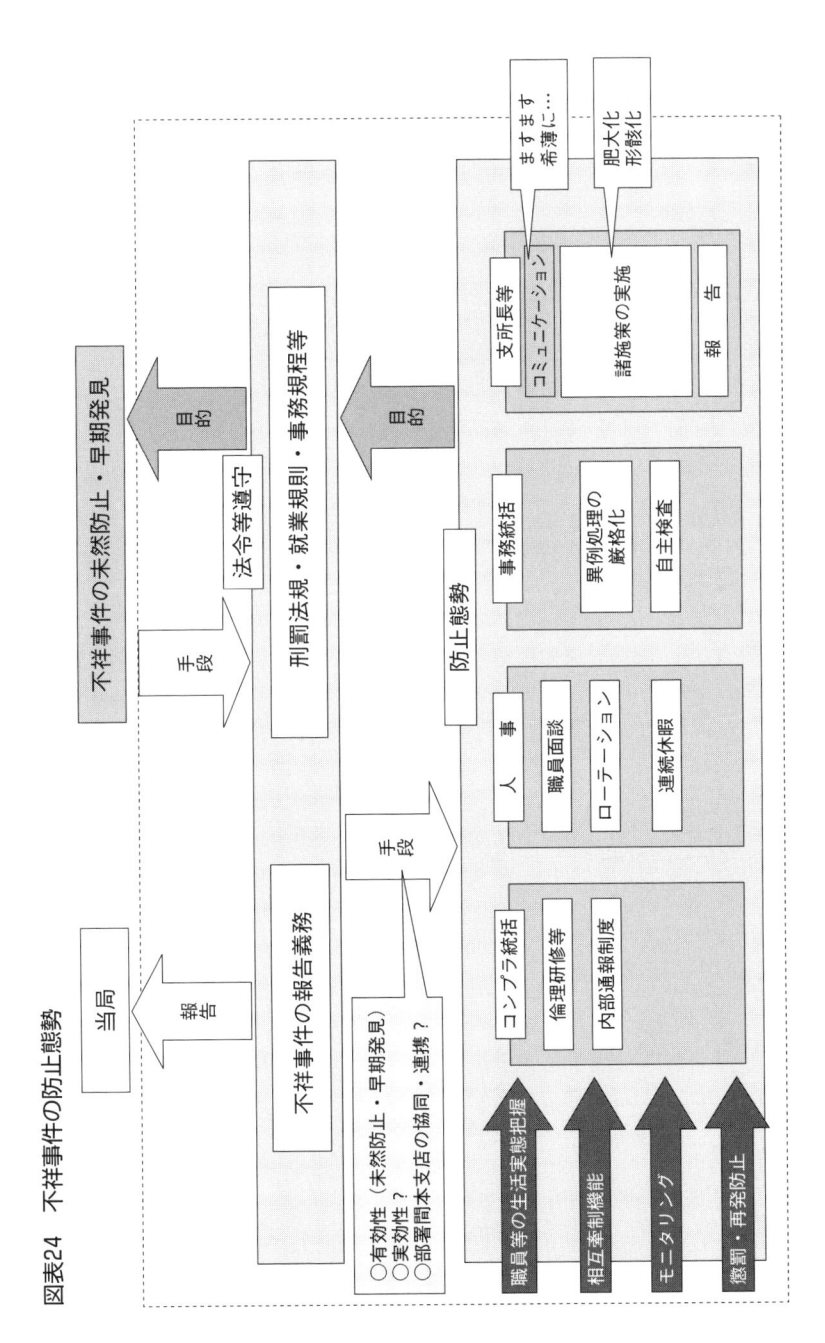

図表24 不祥事件の防止態勢

| 不祥事件の未然防止・早期発見 | ← 目的 | 刑罰法規・就業規則・事務規程等 | ← 目的 | 防止態勢 |

手段：法令等遵守

当局 ← 報告 ― 不祥事件の報告義務 ← 手段

○有効性（未然防止・早期発見）
○実効性？
○部署間本支店の協同・連携？

防止態勢の構成：
- コンプラ統括／倫理研修等／内部通報制度
- 人事／職員面談／ローテーション／連続休暇
- 事務統括／異例処理の厳格化／自主検査
- 支所長等／コミュニケーション／諸施策の実施／報告

ますます希薄に…
肥大化・形骸化

↑ 職員等の生活実態把握
↑ 相互牽制機能
↑ モニタリング
↑ 懲罰・再発防止

Ⅱ 法令等遵守態勢　65

うな誘惑による過ちの発現を抑止し、金融機関の信用のみならず従業員自身をも守るための仕組み・手段として、実効性の高い不祥事件防止態勢が必要となってきます。

2　防止施策のポイントと課題

　金融機関における不祥事件防止態勢の特徴として、たとえば、人事部、事務統括部、コンプライアンス統括部などの複数の本店部門において多くの施策が講じられ、支店等はこれらの実施を担っている、ということが一般的にあげられます。

　人事ローテーションや連続休暇制度、また、異例扱い事務の明確化など個々の施策のポイントとしては、Q22で述べたように、有効性および実効性の双方を具備していることです。また、多数の防止施策が複数部門において策定されていることにかんがみれば、本店部署間、また、本店と支店等との間における協同・連携関係も重要となります。逆に、本店機能が縦割で部署間での連携が図られていないとすれば、その弊害により、きちんと機能すれば不祥事件防止の効果が高い個々の施策であっても、管理業務の総量が営業現場でこなしきれないものとなってしまうなどして実施・機能せず、形骸化してしまうおそれがあります。この点、検査事例集では、「業務改善計画において、利用者からの預かり物件の管理の厳正化に取り組むとしているにもかかわらず、依然として通帳の簿外預りが認められる」「計画で徹底するとされた連続休暇の取得等が守られていない」など、防止施策の実効性が欠けている事例が毎回のように掲載されています。

　また、内部管理態勢全般に共通することですが、不祥事件防止態勢の実効性を高めるためには、経営陣によるガバナンス機能の発揮がきわめて重要であり、上記指摘事例でも「経営陣は改善のための具体的な指示等を行っていない」との問題も指摘されています。

　さらに、行政処分事例では「複数の支店で発生した不祥事件に関して、頭取をはじめとする一部経営陣が、不祥事件の発生を認識していながら当局へ

の不祥事件等届出書の提出を怠ったほか、内部規定に反する対応を指示するなど、その責務を果たしていない」との、経営陣が不祥事件の発生を隠蔽していたことが読み取れるものもあります。この金融機関においては、「不祥事件のなかには、発生期間が長期にわたるものや、同様の手口により連続して発生しているものがあり、再発防止の取組みが不十分である」とされており、不祥事件の隠蔽が防止態勢の的確な是正や改善を妨げている結果、かえって不祥事件の再発や看過を引き起こす、というに悪循環に陥ってしまうことをあらためて認識する必要があります。

Q25 不祥事件が判明するたびに再発防止策をいろいろと講じてはいるものの、効果があがっていません。どうすればよいのでしょうか。

A 防止施策の実効性向上だけでなく、部署内でのコミュニケーションの充実による上司部下間の信頼関係を醸成することも不祥事件の防止につながることが期待されます。

------- 解　説 -------

1　繰り返す不祥事件

　不祥事件の多発により業務改善命令を受けた金融機関において、改善計画の実施中にさらなる不祥事件が判明している事例など、不祥事件の発生は、再発防止策の実施にかかわらずなかなか減少していないようです。金融機関においていろいろと打ち出されている再発防止策は、はたして不祥事件の発生原因を深く掘り下げて分析したうえでの、効果的なものとなっているでしょうか。

　たとえば、なんらかの事情により多重債務者となった渉外担当職員が、自身の借金返済のため、利用者から定期貯金作成のために預かった現金をそのまま着服し、発覚を防ぐため貯金証書を偽造して自ら利用者に交付していたとの事例を想定してみます。

　この場合、再発防止策として、たとえば、預り証を発行せずに現金預りを行ったり自ら貯金証書を交付するという異例事務についての厳正化、また、支店長による職員面談等による生活状況の把握、多重債務者のカウンセリング、職員のコンプライアンス・マインド向上のための研修、内部監査機能の強化などといったことが考えられます。

2　根本的な原因究明

　もちろん、これらの施策の有効性を否定するものではありません。しかし、根本原因として、不祥事件を引き起こした職員が、なぜ、職場や上司・同僚等に迷惑をかけてまでも犯罪行為に及んでしまうのか、その心理状況をふまえた防止策を探ることが必要ではないでしょうか。また、犯罪が実際に行え、かつ、それが容易に発覚しないような職場環境も、不祥事件に及んでしまう原因ではないでしょうか（図表25－1）。

　これらは、言い換えれば、前者は職員の上司や職場に対する忠誠心や信頼感の不足、また、後者は、一義的には上司・同僚など職場の「目」の問題と考えられます。

　逆に、職員が職場や上司に満足して信頼しているのであれば、大きな迷惑をかける行為にはやはり相当の躊躇を覚えるでしょうし、また、職場や上司が職員の生活状況の問題や相談を積極的に受け入れる姿勢を常日頃より明示している（「太陽型」の防止施策）のであれば、犯罪行為に及んでしまう前に相談をもちかけてきてくれる蓋然性は高まるのではないでしょうか。

図表２５－１　根本的な原因究明
■職員は、悪いと知りながら、なぜ不祥事を起こしたのでしょうか

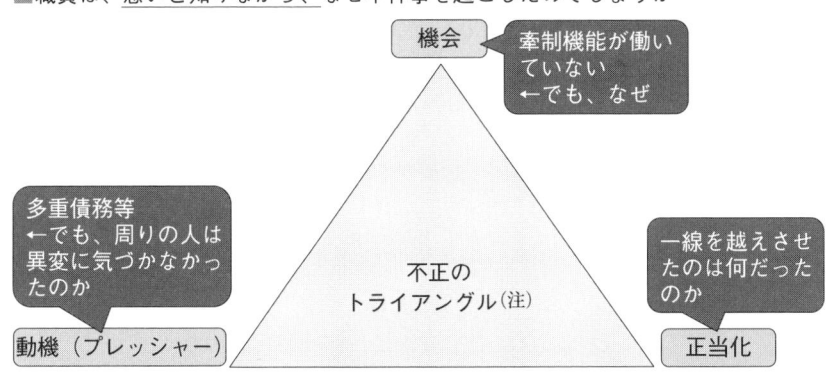

```
                    機会          牽制機能が働い
                                  ていない
                                  ←でも、なぜ

  多重債務等                              一線を越えさせ
  ←でも、周りの人は                      たのは何だった
  異変に気づかなかっ                      のか
  たのか
                      不正の
                   トライアングル（注）
  動機（プレッシャー）                    正当化
```

（注）　アメリカのドナルド・R・クレッシー教授が提唱した、業務上横領の発生要因から分析された不正の仕組みに関する理論。

図表25－2　北風型と太陽型の防止策

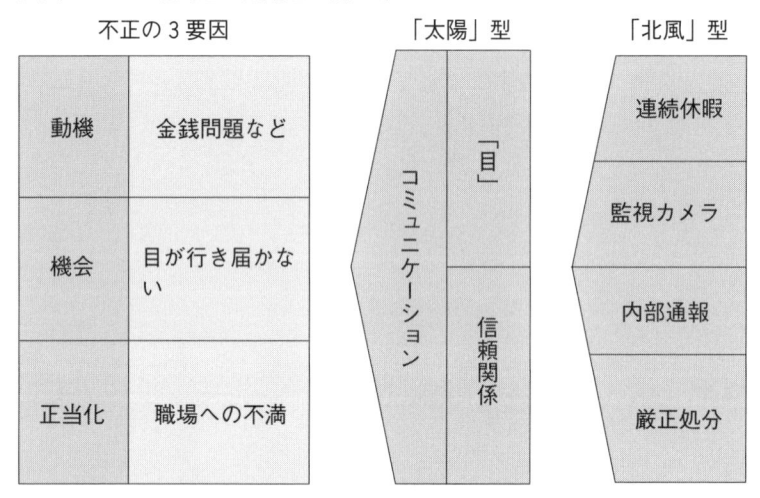

不正の3要因		「太陽」型		「北風」型
動機	金銭問題など	コミュニケーション	目	連続休暇
				監視カメラ
機会	目が行き届かない		信頼関係	内部通報
正当化	職場への不満			厳正処分

　また、本店によるモニタリングや内部監査機能の強化より、日常的な上司部下・同僚間のコミュニケーション（モニタリング）を含む、他人の目が行き届く職場であればあるほど、発生ゼロはそれでも困難であるにせよ、犯罪の抑止力は高まり、万が一でも発覚が早まることが期待できるでしょう（図表25－2）。

　この点、行政処分事例では、「支店において発生した利用者貯金等の着服・流用事件に関し」「営業担当者の行動監視……等の相互牽制機能が不十分」である旨が発生原因の1つとしてあげられているものがあり、発生部署におけるコミュニケーションの不足や人間関係の希薄化が、不祥事件につながっているようにも感じられます。

3　信頼関係の醸成と士気の向上

　そうであれば、部署内でのコミュニケーションの向上による信頼関係の醸成という、ごく当たり前、しかし根本的な事項の改善・向上にも取り組まなければならないでしょう。これらに目をつぶったまま、異例事務の厳正化・

図表25-3　これからの不祥事件防止態勢

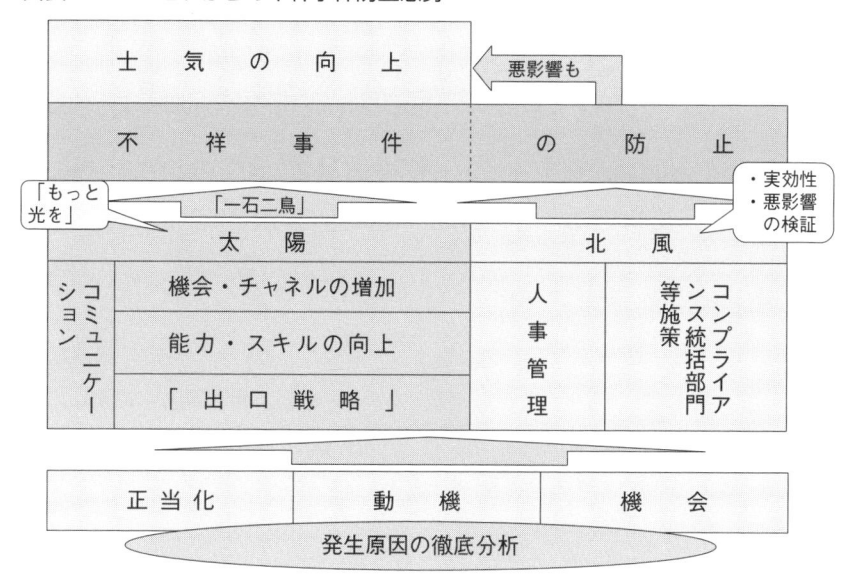

士　気　の　向　上	←悪影響も
不　祥　事　件　の　防　止	・実効性 ・悪影響の検証

「もっと光を」　「一石二鳥」

	太　陽		北　風
コミュニケーション	機会・チャネルの増加	人事管理	コンプライアンス統括部門等施策
	能力・スキルの向上		
	「出口戦略」		

正当化	動　機	機　会

発生原因の徹底分析

　カウンセリング窓口の設置・職員面談・研修など、いわば「北風型」で総花的な改善策（数が多ければよいものでもない）を「徹底する」といってみたところで、管理業務の増大によりかえって職員の士気の低下やコミュニケーションを低下・阻害することにならないか懸念されます。むしろ、たとえ数は少なくとも、根本的原因に対応した骨太で実効性のある防止施策こそ重要でしょう（図表25-3）。

3　金融機能の不正利用の防止

Q26　マネー・ローンダリングの防止として、金融機関としてはどのような取組みが求められているのでしょうか。

A　マネー・ローンダリング（以下「マネロン」という）防止の最前線にある支店において、本人確認にとどまらない「利用者（の属性）をよく知ること」（Know Your Customer（KYC））を起点とした取組みを的確に行うことが重要です。

──────────── 解　説 ────────────

1　マネロン防止の重要性

　振り込め詐欺やヤミ金融、薬物犯罪などの組織的犯罪を撲滅するために、金融機関に対するマネロン防止の要請が高まっています。マネロンとは「犯罪による収益の出所や帰属を隠そうとする行為」などと定義されており、たとえば、犯罪行為で得た収益を、架空・他人名義の口座に隠す、合法的な事業で得たように見せかける、口座間を移動させたりして出所を隠す、追跡困難な国に送金するなどの行為がこれに当たります。振り込め詐欺やヤミ金融などでは、被害者等から他人名義口座へ振込入金させる形態が多く、他人名義口座がマネロンの主要なインフラとなっているとも報告されています。

　マネロン行為を放置すると、犯罪収益が将来の犯罪活動に再び用いられたり、暴力団等の犯罪組織がその資金をもとに合法的な経済活動に介入し支配力を及ぼすおそれがあることから、その防止は犯罪対策上の重要な課題になっています。

2　防止措置を怠った場合の不利益

　マネロンやテロ資金供与防止のための犯罪収益移転防止法（正式名称は「犯罪による収益の移転防止に関する法律」）は、利用者等の本人確認、本人確認記録の作成・保存、取引記録等の作成・保存、疑わしい取引の届出、外国為替取引に係る通知を金融機関などに義務づけています。これらは、マネロン行為等に対する牽制と事後的な追跡をねらったものです。

　本人確認や疑わしい取引の届出等のマネロン防止措置を支店職員が怠った場合、金融機関に対する行政処分等リスクのみならず、職員個人についても、人事上の懲戒処分のほか、金融機関に生じた損害の賠償責任を負うおそれもあります。

3　厳格な本人確認とミス事例

　利用者が「どこのだれであるのか」、本人確認を厳格に行うことは「利用者（の属性）をよく知ること（Know Your Customer（KYC））」の第一歩です。振り込め詐欺でみられるように、マネロン犯罪者は仮名を使用したり、口座名義人など他人になりすまして取引を行おうとする者も多く、これを防止するには、支店職員において本人確認を厳格に行うことが肝要です。この点、検査事例集では、新規貯金口座の開設に際して申込書と本人確認書類に記載されている利用者の住所が相違しているにもかかわらず、公共料金の領収証書等により現住所についての確認を行っていない事例があります。また、法人利用者との取引において取引担当者の本人確認を失念している事例もいまだ見受けられます。

　加えて、本人確認書類である住民票の写し等を本人以外の者がもっている可能性がある場合や非対面取引では、本人確認書類記載の住居に取引関係文書を転送不要の書留郵便などで送付する必要がありますが、検査事例集では転送可能な郵便により送付している指摘事例がまだ散見されます。

　これらはいずれも初歩的なミスですが、本人確認手続がきちんと履行され

ていない支店はマネロン犯罪者にねらわれるリスクが高く、本店でも指導・監督の徹底が必要です。また、本人確認書類が偽造されたものでないかチェックするスキルを支店職員が高め、ノウハウを全支店に横展開していくことも重要です。

4　支店での疑わしい取引チェックの重要性

　金融機関は、①取引に関する利用者等の財産が強盗、恐喝、詐欺、貸金業法違反（ヤミ金融事犯等）などの犯罪による収益である疑いがあると認められる場合や②利用者等がマネロン犯罪を行っている疑いがあると認められる場合には、疑わしい取引の届出をすみやかに行う義務があります。

　金融庁では、金融機関が疑わしい取引の届出を行う指針として、「疑わしい取引の参考事例」を公表しています。ただし、これらはあくまで参考事例であり、疑わしい取引に該当するかは利用者等の属性、取引時の状況、その他取引に係る情報などを総合的に勘案して、金融機関で判断しなければなりません。

　そこで支店が、単なる本人確認にとどまらないKYCを実践し、利用者の取引目的、職業、収入や資産等を把握するよう努めることにより、検出・抽出された取引が「疑わしい取引」に該当するかの判断をより的確に行うことが重要となってきています。また、KYCを通じて、システム検知ではなく、支店のイニシアチブによる疑わしい取引（に該当する可能性のある取引）の本店報告がふえていくことが期待されます。そのためには、本店報告の様式や手続を簡便化することも検討されるべきでしょう。

5　利用者満足を通じたマネロン防止

　厳格な本人確認やKYCの重要性を本店が強調しても、支店における利用者等の本人確認は、ともすると「犯罪収益移転法」遵守のための形式的な手続となってしまうきらいがあります。そのため、マネロン防止のために住居や氏名以外の利用者属性等の確認を現場に求めることは、事務負担の増大と

のマイナス・イメージでとらえられてしまうおそれがあります。

　しかし、金融機関における業務姿勢は、たとえば投資信託や保険商品などの預り資産の勧誘・販売でみられるように「コンサルティング」、つまり利用者一人ひとりのライフプランや家族構成、資産の状況や取引目的などに関する情報を聞き出し、利用者の金融取引ニーズにあった商品提案を行うスタイルに変化してきています。コンサルティングを行うためには、営業現場の職員において、利用者から単なる本人確認にとどまらない詳細情報を収集し、分析することが必須となっています。また、融資取引についても、金融円滑化の推進においてコンサルティング機能の十分な発揮、取引先の実態把握や目利き能力の向上が強く求められているように、融資申込者に関する詳細情報の取得は必須です。

　このようなコンサルティングの過程で、時には利用者が情報提供を不自然に拒んだり、その属性や取引目的などに見合わない取引を行っていることに気づく場面も出てくるでしょう。このように、利用者情報の取得や分析は本来、マネロン防止のために行われるのではなく、利用者のことをよく知り、よりよい商品提案を行おうとする利用者満足を目指すよう業務姿勢に伴うものであり、そのような姿勢による業務遂行が同時にマネロン防止にもつながっていくとの意識を、現場の職員はぜひもつべきでしょう。

　この点、貯金口座取引では本人確認以上のKYCが現状十分とはいえませんが、前述のように金融機能を利用したマネロン犯罪の手口では他人名義口座の悪用が最も多くなっています。そのため金融機関では、より多くの利用者情報を取得するため、口座開設用紙の改定検討、貯金利用者に対する開設時の聞き取りやコンサルティングの促進、現場職員に対する研修・指導の充実など、現時点でも可能な限りKYCを実践する業務姿勢に変えていく努力が重要といえるでしょう。

Q27 反社会的勢力との関係遮断態勢におけるポイントは、どのようなことでしょうか。

A 反社会的勢力との関係遮断が社会的要請であることを念頭に、社会目線にのっとった実効性ある態勢整備とともに、遮断すべき「反社会的勢力」や取引範囲を決めることが重要です。

――――― 解　説 ―――――

1　態勢強化の必要性

　金融検査マニュアルでは、反社会的勢力への対応態勢に係る着眼点がかなり盛り込まれています。また、平成19年6月19日には、反社会的勢力との関係遮断のための取組みをいっそう推進するよう「企業が反社会的勢力による被害を防止するための指針」（犯罪対策閣僚会議幹事会申合せ。以下「政府指針」という）が公表され、監督指針が平成20年3月26日に改正されるなど、さらなる態勢強化が要請されているテーマの1つとなっています。

2　定義・範囲の明確化

　反社会的勢力との関係遮断態勢のポイントとしては、まずそもそも「反社会的勢力」の定義・範囲を組合内部で明確化することが考えられます。「反社会的勢力」については、法律上の定義はなく、また、金融庁も、「反社会的勢力について限定的に定義することは、その性質上そぐわないものと考え」るとし、金融検査マニュアルで定義・範囲を示していません。

　しかし、反社会的勢力の定義・範囲は、防止態勢のいわば出発点であり、これを明確にしなければ管理はおぼつかなくなってしまいます。この点、政府指針において、反社会的勢力を、「暴力、威力と詐欺的手法を駆使して経済的利益を追求する集団又は個人」であって、「暴力団、暴力団関係企業、

図表27 反社会的勢力との関係遮断

1		2		構成要素	3 留意事項	
基本原則	①組織としての対応	内部統制	ガバナンス	COSOフレームワーク	統制環境	宣言・基本方針
						倫理規程等
						暴力団排除条項
						内部体制
	②外部専門機関との連携		法令等遵守		リスク評価	
	③取引を含めたいっさいの関係遮断		リスク管理		統制活動	対応マニュアル
						講習・社内研修
						人事考課・配置転換
	④有事における民事と刑事の対応				情報と伝達	指揮命令系統
						データベース
						外部専門機関への通報
	⑤裏取引や資金提供の禁止		グループ会社		モニタリング	

※右端にPDCAサイクル

(出所) 平成19年6月19日犯罪対策閣僚会議幹事会申合せ「企業が反社会的勢力による被害を防止するための指針」(政府指針)イメージ。

総会屋、社会運動標ぼうゴロ、政治活動標ぼうゴロ、特殊知能暴力集団等といった属性要件に着目するとともに、暴力的な要求行為、法的な責任を超えた不当な要求といった行為要件にも着目することが重要である」と、属性要件をベースに行為要件をも加味した考え方が具体的に示されており、各金融機関における定義・範囲の目安となっています。

また、反社会的勢力との取引防止については、社会的要請として、金融機関の信用や評判維持との側面を有していることから、その対象者については、「反社会的勢力」にとどまらず、たとえば家族や同居人などの周辺者や関係者をどのように扱うのか、他組合との横並びではなく、各組合で地域社会目線に立って慎重に決定されるべきでしょう。

Ⅱ 法令等遵守態勢 77

3　態勢整備のポイント

　そのうえで、態勢整備に際しては、①「基本方針」を組合内外に明示すること、②組織全体として対応すべく各部署や役職員の役割と責任を内部規程等で明確にするとともに、外部専門機関との連携を図ること、③「暴力団排除条項」を取引契約や約款に設けること、④反社会的勢力に関する情報を収集・管理するとともに新規利用者や既存利用者について該当性チェックを行うこと、⑤取引謝絶や解消、また不当要求など有事の際の対応手順を定め、職員研修を行うことなどが、実効的な態勢整備を行ううえでのポイントと考えられます。

4 法令等遵守態勢の改善・強化

Q28 支店現場において管理施策の実施が形骸化してしまっており、改善を促しても一向によくなりません。コンプライアンス統括部署や経営陣としては、何をどうすべきなのでしょうか。

A 収益と管理のバランスを図り「正しく収益をあげる」業務姿勢や、本店機能の縦割りの弊害防止に向けた経営陣によるガバナンス発揮が重要です。

――――――――― 解 説 ―――――――――

1 形骸化を招く要因

　不祥事件防止態勢（Q24）でも述べたように、きちんと実施されれば防止等の効果が高い管理施策であっても、支店等の現場でその実施が形骸化しているとの事例は、残念ながら決して珍しくありません。

　もっとも、このような形骸化の状況を改善するためには、現場に対する運用改善を促すだけでは足りない場合も少なくありません。

　たとえば、検査事例集では「職場離脱制度については、営業面への影響等を考慮するあまり、連続休暇の取得を一定期間に集中させ、業務点検の内容が不十分なものとなっており、事故防止策としての実効性が十分に確保されていない事例」のように、「収益と管理のバランス」が図られていないという経営管理態勢の根幹的な問題に起因すると思われる事例もあります。

　次に、管理施策の形骸化は、本店機能の縦割りの弊害からも生じうるものであることを再認識してください。すなわち、組織全体の規模に比例して本

店機能も拡充され、内部管理の各統括部署の担当も細分化される傾向があります。この場合、それぞれの統括部署が専門性を発揮し、緻密な管理態勢が構築される半面、

① 現場における業務負荷の考慮が不足したまま、ルールや手続が膨大、または理解や遵守が容易でない複雑なものとなる（「マニア化」）
② 部署間の連絡・連携不足（「タコツボ化」）により、施策間の重複（たとえば、コンプライアンス・チェックと自店検査項目）や不整合を看過する

といった弊害も見受けらます。

これにより、支店等の現場では、理解が不十分であることや過度の負荷のため、業務全体の効率化の低下はもとより、内部管理自体が実態の乏しい形骸化したものとなり、違反やミスがかえって増加しかねない状況にはないでしょうか。

2 実効性を高めるために

金融検査マニュアルは、各項目のチェックリストにおいて、それぞれの固有の着眼点に係るチェック事項は「Ⅲ」に集約する一方、「Ⅰ」と「Ⅱ」では、利益相反の防止や牽制機能を発揮できる組織、情報伝達・報告や継続的なモニタリングに関する態勢の整備など、それぞれの管理態勢の枠組みや施策内容につき可能な限り共通化を図っています。

法令等遵守や各種リスクの具体的な管理手法には差異がある一方、金融機関において、内部管理業務全体の適量化による実効性の向上のためには、金融検査マニュアルの各項目への対応作業を、各所轄部署に割り振るだけではなく、同時に、縦割りの本店組織に横串を刺し、それぞれの管理態勢に係る施策間の整理や共通化・横断化を行うような対応が強く望まれます。

内部規程やマニュアル等、また組織体制を金融検査マニュアルの記載字義どおりに整備することにより、内部管理態勢がいたずらに複雑化することは、当局も期待するものではないはずです。

縦割りの組織の壁に横穴を空けるような大きな取組みが成功するか否かも

また、経営陣、とりわけ経営トップによる経営管理（ガバナンス）の発揮いかんでしょう。

Ⅲ 利用者保護等管理

1 総　　論

Q29 利用者保護等管理と法令等遵守態勢やリスク管理態勢とは、どのような関係なのでしょうか。

A 利用者保護等管理は法令等遵守やリスク管理の側面を有しますが、金融検査マニュアルでは、金融機関における利用者保護等の重要性にかんがみ、別途利用者保護等管理態勢に係るチェックリストを設けています。また、利用者満足の向上という業務の効率化の側面も有しています。

――――――――― 解　説 ―――――――――

1 利用者保護等管理の重要性

　利用者保護等管理は、たとえば、利用者説明や利用者情報管理では法令等遵守の側面を、また、利用者サポート等においては苦情等の適正な解決や再発防止を通じて風評リスクや事務リスク等を管理する側面も有するものといえます。

　このように本来、利用者保護等態勢の内容は、法令等遵守やリスク管理等を含む内部統制システムのなかに包含されているものですが、金融検査マニュアルにおいては、金融機関における利用者保護等の重要性にかんがみ別途、利用者保護等管理態勢に係るチェックリストを設けています。

　また、利用者の声に応えることにより利用者満足を向上させることは業務の効率化につながるという側面も有しています。

2　利用者保護等管理方針

　金融検査マニュアルにおいて、利用者保護等管理方針とは、金融機関が利用者の視点に立ち、自ら定めた利用者保護および利便の向上に向けた管理の方針であり、①利用者説明、②利用者サポート等、③利用者情報管理、④外部委託管理、⑤利益相反管理、⑥その他利用者保護や利便の向上のために必要であると理事会において判断した業務の管理に関する方針を明確に記載することとされています。

　まず、利用者保護等管理方針の位置づけについて、「内部統制システムに関する基本方針」（Q12）では、利用者保護等管理は明示されていませんが、利用者保護等管理方針は、すでに法令等遵守やリスク管理に係る態勢の基本方針のなかに包含されているともいえます。

　もっとも、金融検査マニュアルにおいては、別途利用者保護等管理態勢に係るチェックリストを設けており、利用者保護等が要請されている重要性にかんがみれば、内部統制システムの基本方針と同様のレベルにおいて別途、利用者保護等管理方針を策定するのが妥当といえます。

　次に、利用者保護等管理方針の形式や内容について、金融検査マニュアルにおいては、利用者保護等管理方針が「複数に分かれている場合には、これらを総称するもの」と記載しているのみであり、特に形式的な要件を定めておらず、利用者保護等管理態勢に係る大綱を示すものや基本方針を概括的に記載したものであってもよいでしょう。また、内容については、「(i)利用者を保護するために行うべき管理方針」「(ii)利用者の範囲等」「(iii)利用者保護の必要性のある業務の範囲」については、特に「明確に記載」することとされており、過不足なく明記する必要があるでしょう。

　他方において、むしろ大切なことは、「方針」という文書の存在よりも、自組合の利用者の視点に立った「あるべき姿」を組合内外に明示し、「方針」にのっとった利用者保護等管理を実践すること、それを支えるための管理態勢を整備・確立するための不断の取組みであることを忘れてはなりません。

Ⅲ　利用者保護等管理

2 利用者説明管理

Q30 貯金取引では、利用者説明管理としてどのようなことに注意が必要でしょうか。

A 金利や手数料、貯金保険の対象であるか否か等の情報提供を行うとともに、元本欠損リスクや解約制限等の重要事項について利用者の知識や経験等をふまえた説明を行うことが必要です。また、たとえば変動金利の場合に将来の金利見通しに関する断定的判断の提供を行う等、禁止行為に抵触しないように注意が必要です。

――――――― 解 説 ―――――――

1 農協法の情報提供・説明義務

利用者に対する商品に係る情報提供や説明義務は、金融機関と利用者との間の情報格差を改善するための重要な方策であり、利用者保護のための勧誘・販売に関するルールの柱の1つとなっており、金融検査マニュアルでもチェック項目としてあげられています。

農協では、農協法および信用事業命令により、貯金または定期積金の受入れについて、貯金者等に対して図表30－1のような情報提供・説明義務を負っています。

2 金融商品販売法による説明義務

元本欠損リスク等の重要事項については、金融商品販売法により、貯金等の契約締結を含む幅広い「金融商品の販売等」（2条2項）を対象として、おおむね図表30－2のような説明義務等が定められています。

図表30－1　農協法上の情報提供・説明義務

農協法上の情報提供・説明義務	条　文
①貯金等の受入れに関する、以下のような貯金者等に参考となるべき情報の提供・説明等	○農協法11条の3第1項
・金利、手数料および貯金保険の対象であるものの明示	○信用事業命令11条1号～3号
・中途解約時の解約精算金の計算方法など、貯金者等の求めに応じた、商品情報を記載した書面による説明および交付	○同命令11条4号
・変動金利貯金で金利設定の基準や方法が定められている場合には、当該基準等および金利情報の適切な提供	○同命令11条6号
②市場デリバティブ取引等と貯金等との組合せによる満期時に全額返還される保証のない商品を取り扱う場合の、当該保証のないことその他当該商品に関する詳細な説明	○同命令11条5号

　金融商品販売法は民事上の説明義務を規定するにすぎず、業法に基づく監督上の行政処分の直接の根拠にはならないと考えられています。しかし、金融商品販売法上の重要事項の説明を怠った場合には、同時に、農協法上の情報提供・説明義務や次に述べる禁止行為にも抵触することも十分考えられます。

3　農協法上の禁止行為

　貯金取引に限らず、農協の信用事業では、図表30－3に掲げる行為が農協法および信用事業命令において禁止されています（農協法11条の2の3および信用事業命令10条の2、10条の3）。
　①「虚偽のことを告げる行為」は、同時に消費者契約法が定める契約の取消事由にも該当しえます（消費者契約法4条1項1号）。
　②のうち、「不確実な事項について断定的判断を提供する行為」は、同時に消費者契約法上の契約の取消事由（消費者契約法4条1項2号）、また、金

Ⅲ　利用者保護等管理　87

図表30-2　金融商品販売法における説明義務等

説明義務等	内　容
「重要事項」の説明義務（金融商品販売法3条）	①相場等の変動により元本欠損が生ずるおそれ（市場リスク）
	②金融商品販売業者その他の者（発行者など）の業務または財産の状況の変化により元本欠損が生ずるおそれ（信用リスク）
	③その他の事由により元本欠損が生ずるおそれ（出てきた場合には適宜政令で追加）
	④元本欠損が生ずるおそれに関して、「当初元本を上回る損失を生ずるおそれ」がある場合はその旨の説明
	⑤各リスクについての説明事項として、「取引の仕組みの重要な部分」の説明
	⑥権利行使期間・解除権行使期間の制限の説明
	⑦上記①〜⑥について、顧客の適合性（顧客の知識、経験、財産の状況および当該金融商品の販売に係る契約を締結する目的）に照らして、当該顧客に理解されるために必要な方法および程度の説明
	⑧顧客が「特定利顧客」（特定投資家）である場合（金融商品販売法施行令10条）、または説明を要しない旨の意思表明があった場合は、説明不要
断定的判断の提供等の禁止（同法4条）	○不確実な事項について断定的判断を提供し、または確実であると誤認させるおそれのあることを告げる行為の禁止
損害賠償責任・損害額の推定（同法5条・6条）	○説明義務違反または断定的判断の提供等の禁止の違反があったとき、元本欠損額を損害額を推定し、金融商品販売業者等は賠償責任を負う

融商品販売法による損害賠償事由にも該当しえます。

　③のうち、前段の「利用者の知識、経験、財産の状況および取引を行う目的を踏まえた重要な事項について告げ」ないことの禁止は、利用者の適合性

図表30−3 農協法上の禁止行為

農協法上の禁止行為	条　文
①虚偽のことを告げる行為	○農協法11条の2の3第1号
②不確実な事項について断定的判断を提供し、または確実であると誤認させるおそれのあることを告げる行為	○同法11条の2の3第2号
③その営む業務の内容および方法に応じ、利用者の知識、経験、財産の状況および取引を行う目的を踏まえた重要な事項について告げず、または誤解させるおそれのあることを告げる行為	○信用事業命令10条の3第1号
④組合としての取引上の優越的地位を不当に利用して、取引の条件または実施について不利益を与える行為	○同命令10条の3第3号

をふまえた説明義務を実質化したものといえます。

　④については、「組合としての取引上の優越的地位を不当に利用して」と独占禁止法で禁止される優越的地位の濫用と類似していますが、「取引の条件または実施について不利益を与える行為」が禁止されています。他方、独占禁止法ではこのような不利益要件を課しておらず、結果として利用者に不利益を与えなかった場合でも違反となることに留意が必要です。

3 利用者サポート等管理態勢

Q31 「相談・苦情等」が利用者サポート等管理責任者にきちんと報告されるようにするには、どのような施策が考えられるのでしょうか。

A 「相談・苦情等」は、その適切な解決と管理態勢の改善につなげるためにも、まずは報告されることが最重要事項です。報告方法や手続をできる限り簡略化するなど、報告が後回しにならないようなプロセスの改善・工夫が重要です。

― 解　説 ―

　利用者からの相談・苦情等は、その適切な対応のためにも、また、発生原因を分析して再発防止策を策定するなどの内部管理態勢の改善・強化に向けた取組みを行うためにも、受け付けた営業拠点等から利用者サポート等管理責任者等へすみやかに報告されることが重要です（図表31）。しかし、検査事例集においても、苦情等の未報告や報告遅延が少なからず認められています。

　報告もれ等の根本的な原因の１つとして、心理面の問題もあると思われます。すなわち、取引獲得のようなプラス情報と違って、自身のマイナス評価になりかねない苦情等は、できれば上司や本店等に知られずに自力で解決したい、という気持ちが従業員側にあるのではないでしょうか。そのような気持ちがあれば、従業員側に非があればあるほど、苦情等の意図的な未報告や、事態が深刻化した時点でようやく報告される事態などが発生し、また、違法な損失補てんや利益供与などの不適切な解決が秘密裏に行われるおそれがあります。また、自力で適切に解決できたとしても、苦情等が内部管理態勢の不備に起因しているとすれば、報告もれは組織として改善の機会を失してし

図表31　利用者サポート等管理

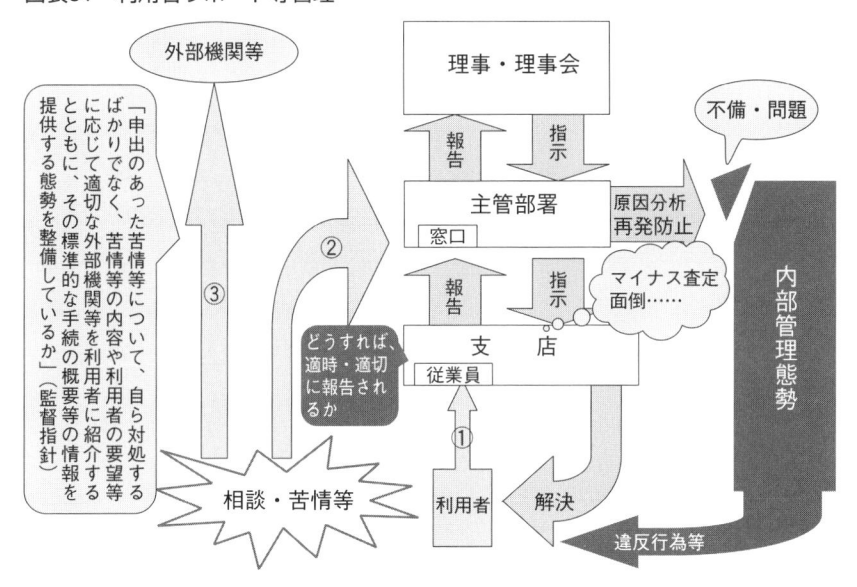

[図表：利用者サポート等管理の流れ。外部機関等、理事・理事会、主管部署（窓口）、支店（従業員）、利用者の関係を示す。相談・苦情等→①利用者から支店へ、②支店から主管部署へ報告、③外部機関等への紹介。主管部署は理事・理事会へ報告、指示を受ける。内部管理態勢として、不備・問題の原因分析・再発防止、解決、違反行為等への対応。支店側の吹き出し「マイナス査定　面倒……」「どうすれば、適時・適切に報告されるか」。左側に「『申出のあった苦情等について、自ら対処するばかりでなく、苦情等の内容や利用者の要望等に応じて適切な外部機関等を利用者に紹介するとともに、その標準的な手続の概要等の情報を提供する態勢を整備しているか』（監督指針）」]

まい、同種事案が再発するおそれもあります。この点、たとえば苦情等を起こしたことをもって直ちに人事考課等の面でマイナス評価されるものではないこと、逆に、苦情等を握り込んでいた場合には不利益な取扱いを受けるおそれがあることなど、従業員からの苦情等の報告があがりやすくするための制度上の仕組みや意識づけの工夫を重ねていくことが重要と考えられます。

また、検査事例集には「支店において、苦情等を記録する報告書の作成に徹底を欠いていることから、本店への報告漏れが多数認められる」というものがあります。日常業務に追われている支店では、苦情報告書の作成・報告がついつい後回しになってしまう傾向は否めないでしょう。苦情等は、その適切な解決と管理態勢の改善につなげるためにも、まずは報告されることが最重要事項です。利用者サポート等管理責任者は、支店に対する意識づけのほか、たとえば、報告方法や手続をできる限り簡略化するなど、苦情等の報告が後回しにならないようなプロセスの改善・工夫を継続的に行っていく必要があるでしょう。

4　利用者情報管理態勢

Q32　利用者情報管理では、個人情報保護法に基づく情報管理を行っているだけでは不十分なのでしょうか。

A　個人利用者情報だけでなく、法人利用者情報に関しても、各農協において取得・保有する情報量や内容等をふまえた実効性のある管理態勢の整備が必要です（図表32）。

---- 解　説 ----

1　法人利用者情報も管理対象

　利用者情報管理とは、利用者の情報が漏えい防止の観点等から適切に管理されることをいいます。「利用者」情報という言葉が示すとおり、管理の対象は個人情報に限らず、法人等の情報も含まれています。
　個人利用者情報については「個人情報の保護に関する法律」（個人情報保護法）という法規制が存在する一方で、法人利用者情報についてはこれに相当する法規制が存在しませんが、法人利用者情報に関しても、各農協において取得・保有する情報内容等をふまえた管理態勢の整備が必要となります。そのため、個人情報保護法の遵守のみでの情報管理態勢は適当ではありません。

2　メリハリ管理

　一方、利用者情報には、特に厳格な管理を要すべき情報も存在しており、情報管理の程度にも差異が生じます。たとえば、個人であれば機微情報があり、法人であれば上場会社等に関するいわゆるインサイダー情報などが該

図表32　個人情報保護法に偏った管理の盲点

義務＼情報	個人情報	個人データ	法人利用者情報
利用目的の特定	○	○	
適正な取得	○	○	
安全管理措置 従業者の監督 委託先の監督		○	
第三者提供の制限		○	
苦情の処理	○	○	
漏えい事案等への対応	○	○	
機微（センシティブ）情報の取扱い			

利用者情報管理＞個人情報保護法遵守
（注）　○＝個人情報保護法等による保護。

当しえます。また、漏えい等が発生した情報量が多ければ多いほど、農協経営に与える影響は大きいといえます。したがって、利用者情報の管理は、個人情報・法人情報を問わず、情報のレベルや情報量、言い換えれば漏えい等の場合におけるリスクの大きさに応じて適切な管理態勢を構築することが、実効性を高めるうえでポイントとなってきます（Q8）。

　この点、行政処分事例では、多量の利用者情報が記録されたCD－ROM3枚の紛失が発生し、その原因として、情報移送を内部規程どおりに行わなかったこと、取扱従業員の監督が不十分であったことがあげられています。このように多量の利用者情報については、厳格な管理態勢のもと取り扱う必要があったといえるでしょう。

3　管理内容

　金融検査マニュアルでは、利用者情報管理の内容として、利用者情報統括管理責任者はシステム担当部門またはシステム担当者を通じて、①利用者情

Ⅲ　利用者保護等管理　93

報のプリントアウトやダウンロードの際のデータ内容・量の制限、②利用者情報へのアクセス制限、③利用者情報データベースへのアクセス制限、④外部委託先との間の利用者情報授受の保護などがあげられています。この点、個人利用者情報についてはすでに相当レベルの態勢が構築されていると思われますが、法人利用者情報においてもあらためて管理態勢の十分性を早急に評価し、必要な見直しを行うことが重要でしょう。

　また、情報漏えい等が発生した場合の対応として、金融検査マニュアルでは、①利用者情報統括管理責任者への報告、②コンプライアンス統括部門や理事会等への報告、③当局への報告や二次被害防止策などの管理が列挙されていますが、法人利用者情報の場合も、個人利用者情報に準じてしかるべき対応を行う態勢を整備することが必要でしょう。

4　「意識」の向上

　前述の行政処分事例に限らず、利用者情報の漏えい等は少なからず発生しており、その原因の多くが担当者の不注意によるものとなっています。再発防止策として、管理ルールや監督をより厳格にすることももちろん考えられますが、事例の根底には、利用者情報という金融機関の信用・信頼の根幹にかかわるきわめて重要なものを取り扱っている、という従業員の「意識」が十分でないことがあるのではないでしょうか。利用者情報なくして金融機関の業務はおよそ成り立ちません。利用者から情報提供を受けるには、その「信頼」に応える取扱い、つまり組合内外を問わず、提供された情報は業務上必要ある者のみで共用し、その利用目的の範囲でのみ利用するとともに、情報の漏えい等を防止し、適切に管理することが欠かせないことを再認識する必要があります。

5 外部委託管理態勢

Q33 業務を外部委託している場合の管理については、利用者保護等チェックリストとオペレーショナル・リスク管理態勢の確認検査用チェックリストの両方に記載があり、どのように整理すればよいのでしょうか。

A 利用者保護等に関係するものか否かにかかわらず、管理態勢のベースは同じであり、外部委託一般に関する管理態勢の管理部門は、たとえば、オペレーショナル・リスク管理部門等が統括して管理することも考えられます。

----解 説----

1 外部委託管理

　外部委託管理とは、経営陣において管理が必要と考える外部への業務の委託に関する管理のことを基本的にいいます。たとえば、計算業務、現金輸送、電子計算機に関する事務、文書作成・保管・発送業務、現金自動預払機の保守・点検業務などを第三者に対して委託する場合が考えられます。

　外部委託を行う場合には、委託する業務の規模・特性に応じ、金融機関は利用者保護や委託業務に内在するオペレーショナル・リスクを適切に管理することが求められています。外部委託管理について金融検査では、利用者保護の観点からは利用者保護等管理態勢で、リスク管理の観点からは、オペレーショナル・リスク管理態勢でそれぞれ検証されます。

2　管理方法

　外部委託業務の管理については、利用者保護等に関係するものか否かにかかわらず、管理態勢のベースは同じであり、外部委託一般に関する管理態勢の管理部門は、たとえば、オペレーショナル・リスク管理部門等が統括して管理することも考えられます。もっとも、利用者保護等に関係する外部委託は、利用者保護等への社会的要請の高まり、金融機関自身の風評リスクや法令等遵守の観点から、より厳格な管理態勢の整備・確立が求められると理解すべきものです。外部委託管理責任者は明確な責任と役割のもと、外部委託部署やコンプライアンス部門等と協同して管理を行っていくべきでしょう。

　そもそも自組合において外部委託している業務がどれだけあるのか、その業務に利用者保護等の観点からどのようなリスクが内包されているのか、網羅的に把握できていない農協もあるかもしれません。外部委託管理責任者は、自組合における外部委託の定義を明確にし、委託先における利用者保護等に係る委託業務の管理状況が適切なものか、リスクの状況がどうなっているかを認識するため、まず洗出し作業に着手することが必要となるでしょう。

　これに関連し、外部委託が業務ごとに縦割りで管理されている状況も想定されます。外部委託管理責任者は、このような状況において利用者保護等という観点で組合内に横串を通していく作業が必要となります。金融検査マニュアルにおいては、外部委託管理責任者の役割として、11個の管理項目を明記していますが（利用者保護等管理態勢の確認検査用チェックリストⅡ4(2)①〜⑪）、特に③委託契約の締結、④モニタリングの実施、⑤相談・苦情処理態勢、⑨利用者情報保護措置などについては、業務ごとにバラバラに対応するのではなく、組合一体となった取組態勢を構築することが望ましいでしょう。

　利用者保護等に係るものに限らず、外部委託全体に係る統括機能が必ずしも十分ではない農協もありえますが、利用者保護等の観点からは統括機能の十分な発揮が望まれます。利用者保護等管理態勢の枠組みをうまく利用し、全社的な外部委託業務の管理態勢の高度化につなげることが期待されます。

6 利益相反管理態勢

Q34 利益相反管理とは、何をどのように管理することでしょうか。

A 利用者の利益を不当に害するおそれのある取引等を抽出・分類し、リスクの大きさをふまえた適切な管理を行うことが求められています。

――――― 解 説 ―――――

1 「利益相反」と管理対象取引

　利益相反管理態勢については、何が「利益相反」なのかという根本的な事項の理解が進んでいない農協も少なくないでしょう。そもそも農協と利用者との間では、信用事業関連業務、共済事業関連業務や金融商品関連業務に限らず、すべての取引において経済的利益は相反しています（たとえば貸出金利は、農協では利用者の信用力等をふまえた金利を求めるのに対して、利用者にとっては低ければ低いほどよいでしょう）。このように「利益相反」の状況は、すべての取引において当然に存在します（図表34－1。いちばん外側の円）。そのうえで、農協法や金融商品取引法等では、農協と利用者の「利益相反」取引のうち、「利用者の利益を不当に害する取引」（いちばん内側の円）の未然防止のため、「利用者等の利益を不当に害するおそれのある取引」（真ん中の円）の特定・管理を農協に義務づけていると考えられます。

2 管理対象取引の類型

　管理対象取引については、その特定とともに「類型」を明確にすることが

図表34-1　管理対象取引の範囲

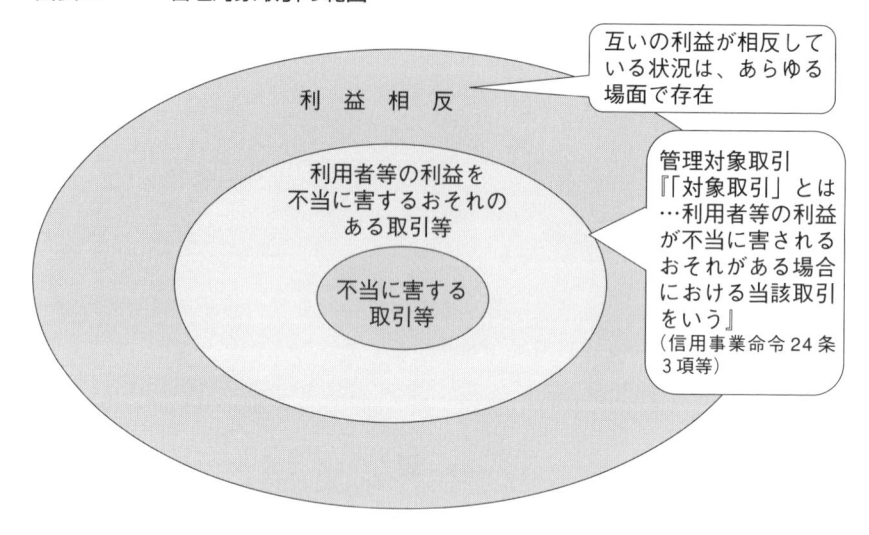

利益相反

利用者等の利益を
不当に害するおそれの
ある取引等

不当に害する
取引等

互いの利益が相反している状況は、あらゆる場面で存在

管理対象取引
『「対象取引」とは…利用者等の利益が不当に害されるおそれがある場合における当該取引をいう』
（信用事業命令24条3項等）

求められています。類型は各農協で異なりうるのですが、取引はおおむね、①利用者の利益を図る義務を負っている、または利益を図ることが利用者から合理的に期待されているもの（以下「第1類型」という）と、②通常の融資取引などこのような義務や期待があるとは一般的にいえないもの（以下「第2類型」という）とに分類できます。

この点、貸出に対するコンサルティング機能の発揮に係る業務については、企業再編（M&A）でのアドバイザリー業務など上記義務を負っていると考えられるものと、再建計画の策定支援やビジネスマッチング等の、義務があるとは必ずしもいえませんが、事業の改善・再生という債務者の利益を図って行うことが合理的に期待されているといえるもので構成されており、第1類型に分類することが適当と考えられます。

そのうえで第1類型では、義務や期待に反して利用者（債務者）の利益を不当に害するおそれのある取引を管理対象取引として抽出・特定していくこととなります。M&Aでは、たとえば売り手側と買い手側の双方のアドバイザーに就任する場合（一方の利益を図り、他方の利益を不当に害するおそれがあ

る）などが考えられます。この点、検査事例集では、取引先の関係会社と後継者不在の同業者とのM&Aに取り組み、これに伴う融資を実行している事例が掲載されています。融資取引を成立させることが、取引先（M&Aの買い手側）の利益を図ったアドバイス等を行う義務に悪影響を及ぼすおそれがなかったか、利益相反管理の観点からは留意すべき取引ともいえます。

　また、再建計画の策定支援では、農協の債権回収を過度に優先して厳しい計画を債務者に押し付けるおそれがないか、ビジネスマッチングでは、たとえば農協の関連会社や緊密先を紹介する場合、依頼者（債務者）ではなく関連会社等の利益を図っているのではとの疑義が生じないかといった具合に、すべて「（事業の改善・再生という）債務者の利益を不当に害するおそれ」の有無を基準に、管理対象取引を特定していくこととなります。

　これに対して第2類型に属する取引、すなわち通常の融資取引などでは、法令等で定める行為規制（説明義務等）や禁止行為（優越的地位の濫用等）に違反・抵触する取引やそのおそれのある取引を「利用者の利益を不当に害するおそれのある取引」、つまり管理対象取引ととらえていけば基本的に十分でしょう。

3　害するおそれの程度にあわせて管理方法を選択

　農協は、特定・類型化された管理対象取引に対して、法令等に掲げられる適切な利益相反管理の方法を選択し、または組み合わせることができる態勢の整備を義務づけられています。

　図表34－2は、信用事業命令等で規定されている管理方法について、上方ほど「厳格」な方法として整理したものです。

　管理対象取引については、その類型を問わず、利用者の利益を害するおそれの程度に応じて管理方法を選択していきます。たとえば債務者に対するコンサルティング機能の発揮に係る厳格な管理方法では、「取引の中止」、つまりコンサルティングを農協自身は行わず外部専門家等を紹介することも考えられます。この点、監督指針では、不当な利益相反を防止するという観点か

図表34-2　管理方法

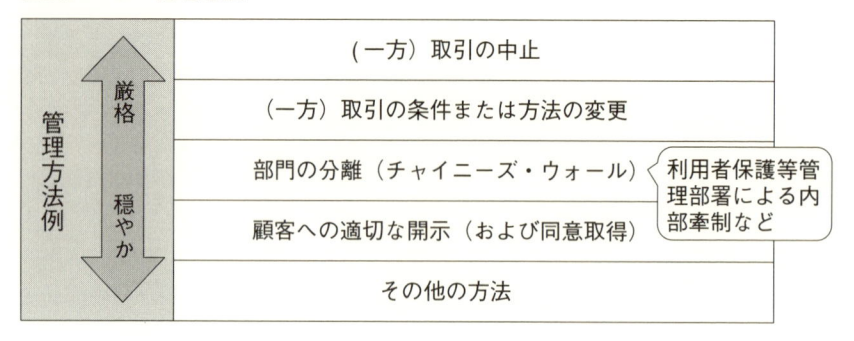

管理方法例	厳格 ←→ 穏やか	
	（一方）取引の中止	
	（一方）取引の条件または方法の変更	
	部門の分離（チャイニーズ・ウォール）	利用者保護等管理部署による内部牽制など
	顧客への適切な開示（および同意取得）	
	その他の方法	

らも、中立的な立場で関与できる外部専門家や外部機関等との連携は有効であるとしています。

　また、農協でコンサルティングを行う場合には、「部門の分離」（融資担当部署とコンサルティング担当部署の分離のほか、利用者保護等管理部署による内部牽制を行うことなど）や、債務者に対して利益相反状況の明示とコンサルティング実施に係る同意を取得することなどが考えられます。

　これに対して、第2類型に属する取引については、「その他の方法」として、既存の法令等遵守態勢や利用者保護等管理態勢にのっとった管理を継続することが基本となると考えられます。

IV

信用リスク管理態勢

Q35 金融検査マニュアルでは信用リスクをどのように定義しているのでしょうか。

A 金融検査マニュアルは信用リスクを定義して、「信用供与先の財務状況の悪化等により、資産（オフバランス資産を含む）の価値が減少ないし消失し、系統金融機関が損失を被るリスク」としています。信用リスク管理は金融機関の資産の健全性を確保するための重要な手段であり、資産の自己査定はそのための基本的なツールです。

---------- 解 説 ----------

　金融検査マニュアルでは、信用リスクを「信用供与先の財務状況の悪化等により、資産（オフバランス資産を含む）の価値が減少ないし消失し、系統金融機関が損失を被るリスクである」と定義しています。

　信用リスクは、信用事業取引の中核業務である貸付業務や経済事業取引における販売未収金など、系統金融機関のあらゆる信用供与取引に内在するもので、それが顕在化すると経営への影響が大きいことから、系統金融機関がさらされているリスクのなかでも最大かつ基本的なものです。したがって、不測の事態を未然に防止し、金融機関の資産の健全性を確保するためには、信用リスクを適切に管理することが求められています。

　一方、信用リスクをいたずらに回避するだけでは、自金融機関の収益性を十分向上させることはできません。そこで、リスクとリターン（収益）が最適になるような組合せを構築する仕組み（ALM）が必要となり、その前提として、金融機関がさらされているリスクを的確に把握・管理したうえで、資産の悪化を早期に予防する信用リスク管理態勢の整備が不可欠となります。

　資産の自己査定は信用リスク管理の基本的ツールであり、資産内容の的確な把握を通じて問題債権を早期に発見することが、その大きな目的です。

Q36 信用リスク管理について、理事や理事会にはどのような役割と責任があるのでしょうか。

A 理事は、信用リスク管理が戦略目標の達成に重大な影響を有することを十分認識することが重要です。また理事会には、信用リスク管理方針の策定、規程・組織体制の整備、評価・改善態勢の整備・確立を、自ら率先して行う役割と責任があります。

---- 解 説 ----

　信用リスク管理態勢の整備・確立は、金融機関の業務の健全性および適切性確保の観点からきわめて重要であり、したがって理事会には、リスク管理方針の策定、規程・組織体制の整備および評価・改善態勢の整備・確立を、自ら率先して行う役割と責任があります。また、債務者の実態を把握し、債務者に対する経営相談・経営指導および経営改善に向けた取組みへの支援を行うことは、信用リスク削減の観点からも重要です。

1　信用リスク管理方針の策定

　理事は、信用リスク管理の軽視が戦略目標の達成に重大な影響を与えることを十分に認識しなければなりません。特に担当理事は、信用リスクの所在、信用リスクの種類・特性および信用リスクの特定・評価・モニタリング・コントロール等の手法ならびに信用リスク管理の重要性を十分に理解し、それに基づき信用リスク管理状況を的確に認識し、適正なリスク管理態勢の整備・確立に向けて、方針や具体的な方策を検討しなければなりません。また担当理事は、債務者の実態を把握し、債務者に対する経営相談・経営指導および経営改善に向けた取組みへの支援方策を、具体的に検討することが求められます。

　理事会は、金融機関の戦略目標と整合的な融資部門等の戦略目標を策定

し、それを組織内に周知することが必要です。融資部門等の戦略目標策定にあたっては、自己資本の状況をふまえて、たとえば、長期的な信用リスク管理を軽視し、短期的な収益確保を優先した目標設定や業績評価の設定を行っていないか等に留意しなければなりません。

そのうえで理事会は信用リスク管理方針を策定し、定期的または必要に応じて随時、方針策定プロセスの有効性を検証し、適時に見直すことが必要です。管理方針の内容については、後記Q37を参照してください。

2　規程・組織体制の整備

理事会等（理事会、経営管理委員会のほか、常勤理事会等を含む。以下同じ）は、信用リスク管理方針にのっとり、信用リスク管理に関する取決めを明確に定めた内部規程（これを「信用リスク管理規程」という）を信用リスク管理部門の管理者に策定させ、それを承認したうえで組織内に周知させることが必要です。

理事会等は、信用リスク管理方針および信用リスク管理規程にのっとり、信用リスク管理部門を設置して適切な役割を担わせる態勢を整備しなければなりません。具体的には、信用リスク管理部門を統括するために必要な知識と経験を有する管理者を配置し、管理業務の遂行に必要な権限を与えて管理させること、および当該部門に必要な適正人員を確保配置し業務遂行に必要な権限を与えることが必要です。

信用リスク管理部門は、管理対象の信用リスクが存在する事業推進部門等（信用事業に係る部門・部署・渉外拠点等をいい、信用事業を推進するための企画・立案部署を含む）からの独立性が確保され、それらの部門への牽制機能が発揮される態勢が確保されていなければなりません。また、事業推進部門等に対する効果的な研修の定期的な実施等を通じ、規程・業務細則等の周知徹底と遵守態勢を整備するなど、事業推進部門等における信用リスク管理の実効性を確保する態勢の整備も必要です。

理事会等は、報告事項および承認事項を適切に設定したうえで、管理部門

管理者に定期的または必要に応じて随時、理事会等に対して状況を報告させ、または承認を求める態勢を整備しておく必要があります。特に、経営に重大な影響を与える事案については、極力すみやかに報告させる態勢を敷いておかなければなりません。

3　評価・改善活動の整備・確立

　理事会等は、監事監査、内部監査および外部監査の結果、各種調査結果ならびに各部門からの報告等すべての信用リスク管理の状況に関する情報に基づき、信用リスク管理の状況を的確に分析し実効性の評価を行ったうえで、態勢上の弱点、問題点等改善すべき点の有無、およびその内容を適切に検討しなければなりません。

　また、信用リスク管理の状況に関する報告や調査結果等をふまえて、分析・評価プロセスの有効性を検証し、適時これを見直すことも必要です。

　そのうえで理事会等は、必要に応じ改善計画を策定し実行する等の方法により、適時適切に当該問題点および態勢上の弱点の改善を実施する態勢を整備することが求められ、その改善過程等を適時適切にフォローアップすることが必要です。さらに、この改善プロセス自体の有効性も、適時に見直すことが求められます。

Q37 「信用リスク管理方針」「信用リスク管理規程」とは、どのようなものでしょうか。

A 「信用リスク管理方針」は理事会で定められ、担当理事や理事会等の役割・責任、信用リスク管理部門の設置等組織体制など、信用リスク管理に関する基本方針が規定されます。「信用リスク管理規程」は、信用リスク管理方針にのっとり、信用リスク管理に関する取決めを明確に定めた内部規程であり、信用リスク管理部門の管理者が策定します。

―――――――― 解 説 ――――――――

1　信用リスク管理方針

　「信用リスク管理方針」は理事会において定められ、信用リスク管理に関する基本方針として、たとえば、以下のような項目が網羅されている等、適切なものでなければなりません。またその管理方針は、金融円滑化管理方針との整合性がとれていることを要します。
① 信用リスク管理に関する担当理事および理事会等の役割と責任
② 信用リスク管理部門の設置、権限の付与等の組織体制に関する方針
③ 信用リスクの特定、評価、モニタリング、コントロールおよび削減に関する方針
　信用リスク管理方針は、次項の信用リスク管理規程とともに組織内に周知されていることが必要です。

2　信用リスク管理規程

　「信用リスク管理規程」とは、信用リスク管理方針にのっとり、信用リスク管理に関する取決めを明確に定めた内部規程であり、理事会等の命によ

り、信用リスク管理部門の管理者が策定します。

　信用リスク管理規程の内容は、業務の規模・特性およびリスク・プロファイルに応じ、信用リスク管理に必要な取決めを網羅したものが求められ、金融検査マニュアルでは次のような事項が例示されています。
① 信用リスク管理部門の役割・責任（問題債権として管理が必要な債権の範囲および問題先への取組方針を含む）および組織に関する取決め
② 信用リスク管理の対象とするリスクの特定に関する取決め
③ 信用リスクの評価方法に関する取決め
④ 信用リスクのモニタリング方法に関する取決め
⑤ 理事会等に報告する態勢に関する取決め

Q38 信用リスク管理のためには、どのような組織態勢を整備する必要があるのでしょうか。

A 理事会は信用リスク管理部門を設け、部門管理者に信用リスク管理規程を策定させて、それを組織内に周知徹底させることが必要です。適切な信用リスク管理を行うためには、審査部門・与信管理部門・問題債権管理部門の3部門を信用リスク管理部門と位置づけたうえで、審査部門に対しては事業推進部門等に対する牽制機能の発揮、与信管理部門に対しては与信ポートフォリオ状況の適切な把握・管理ならびに信用リスクの適切なコントロール、問題債権管理部門に対しては問題債権の適切な把握・管理が求められます。

---- 解 説 ----

理事会は、信用リスク管理方針のもと、担当理事を選定し、信用リスク管理部門を設置して、同部門の態勢整備を行います。すなわち、信用リスク管理部門に適切な管理者を置き適正な人員を確保するとともに、事業推進部門等からの独立性を確保し、牽制機能が発揮できるような態勢を構築します。

1 信用リスク管理部門管理者の役割

信用リスク管理部門管理者は、信用リスクの所在・種類・特性および信用リスク管理手法を十分に理解したうえで、信用リスクのコントロールおよび削減に関する取決めを明確に定めた信用リスク管理規程を策定し、理事会等の承認を得たうえでそれを組織内に周知する役割が求められます。また、信用リスク管理における債務者の実態把握や債務者に対する経営相談・経営指導等を通じた経営改善支援の重要性を、信用リスク管理規程に反映させることが必要です。

また管理者は、信用リスク管理方針および信用リスク管理規程に基づき、

適切な信用リスク管理を行うために、信用リスク管理部門（審査部門、与信管理部門、問題債権管理部門）の態勢を整備し、牽制機能発揮のための施策を実施しなければなりません。さらに、随時管理態勢の実効性を検証し、必要に応じて管理規程や組織体制の見直しを行い、理事会等に対し改善提言を行うことが求められます。

2　信用リスク管理部門の役割

　信用リスク管理部門とは、審査・与信管理・問題債権管理の3部門の総称ですが、これらは必ずしも組織形態としての部門であることを要せず、機能的な側面からみて部門を設置した場合と同様の機能を備えていればよいとされています。これら各部門の役割に係るチェック項目としては、次のような点があげられます。

①　審査部門

・与信先の財務状況、資金使途、返済財源等の的確な把握と与信案件に係るリスク特性（注）をふまえた適切な審査・管理

　（注）　シンジケートローンに参加する場合の借入人の適切な実態把握やプロジェクト・ファイナンス等におけるコベナンツ条項の適切な設定・管理など。

・事業推進部門等からの独立性や牽制機能の確保状況

　（注）　審査部門が事業推進部門等から独立していない場合や担当理事が両部門を兼任しているような場合は、審査部門の牽制機能のあり方が特に重要。

・事業推進部門等への指示の適切な実行状況
・事業推進部門等に対する、与信先の技術力・販売力・成長性等や事業自体の採算性・将来性の重視や担保・保証に依存しすぎないことの周知徹底状況
・金融円滑化管理責任者と連携した、金融円滑化の趣旨に沿わない事例・情報のチェック

② 与信管理部門
・与信先の業況推移状況等につき、金融機関自身と連結対象会社および持分法適用会社との一体管理できる機能および権限の有無
・貸出金以外の信用リスク資産やオフバランス項目を含めた統合的リスク管理態勢
・金融機関の信用リスク・プロファイルをふまえた管理対象とするリスクの特定状況
・クレジット・リミットの設定や与信集中リスク管理を通じたリスク・コントロール状況
・与信ポートフォリオ状況（特定業種や特定グループに対する信用集中状況等）の適切な把握・管理および理事会等への報告状況
・信用格付を用いた信用リスクの評価・計測および信用格付の正確性の検証状況
・金融円滑化管理責任者と連携した、金融円滑化の趣旨に沿わない事例・情報のチェック

③ 問題債権管理部門
・問題債権として管理が必要な債権を早期に把握できる態勢の整備状況
　（注）　問題債権の管理・回収を担う専担体制の構築が望ましい。
・信用リスク管理規程に基づいた問題先の経営状況等の適切な把握・管理状況および必要に応じた再建計画の策定指導や整理・回収状況
・金融円滑化管理責任者と連携した、金融円滑化の趣旨に沿わない事例・情報のチェック
・理事会等への報告事項の整備および実行状況

Q39 信用格付制度の整備では、どのようなことに注意が必要でしょうか。

A 信用格付は、債務者の信用リスクの度合いに応じ、債務者区分と整合的であり、正確かつ検証可能な客観性あるかたちで付与される必要があります。格付は適時適切に見直され、債務者のマイナス情報を適宜反映できるものでなければなりません。

----解 説----

1 信用格付の果たす役割

　信用リスク管理部門の主要部門である与信管理部門は、直面する信用リスクを洗い出し、その結果明らかになったリスク・プロファイルをふまえて、金融機関が管理対象とするリスクを特定する役割を担い、さらに金融機関の業務の規模・特性およびリスク・プロファイルに応じて、信用格付等を用いて信用リスクの評価・計測を行うことが求められています。

　信用リスクを的確に評価・計測するためのツールとしては、業務の規模・特性およびリスク・プロファイルに照らして適切に整備された信用格付制度が必要であり、その格付区分は信用リスク管理の観点から、下記のように、有意かつ整合的でなければなりません。

① 信用格付が、債務者の財務内容、格付機関による格付、信用調査機関の情報等に基づき、債務者の信用リスクの度合いに応じて付与されていること
② 信用格付と債務者区分が整合的であること
③ 信用格付が、正確かつ検証可能な客観性のあるかたちで付与されていること
④ 有効期限が設けられ、適時に格付を見直す態勢となっていること

⑤　延滞の発生、資金繰りや業績の悪化、親会社等の支援の変化、大口販売先の倒産等のマイナス情報が、適時適切に信用格付に反映される態勢となっていること

　なお、農林漁業者の場合は総じて気象条件や景気等の影響を受けやすく、一時的な要因によって債務超過に陥りやすいといった特性があり、また個人経営（家族経営）となっていることが多いので、表面的な財務面の状況だけにとらわれず、債務者本人や家族の資産、農外所得等をも勘案して、信用格付を行うことが必要です。

2　信用格付制度が未整備の場合

　金融検査マニュアルでは、国内基準適用金融機関（国内基準により自己資本比率を算定している金融機関）の場合は、信用格付制度の導入は「望ましいもの」とされ、義務づけは行われていません。しかし、信用格付制度未導入の金融機関の金融検査において、信用格付制度の実施状況が検査の対象外となるものではなく、信用リスク管理の妥当性や十分性の検証に際して、格付制度導入実態を検査される可能性があります。

Q40 「クレジット・リミット」とは何でしょうか。

A 「クレジット・リミット」とは、個々の与信先等に対する与信額の上限だけでなく、与信集中比率の上限や与信方針の再検討を実施する際の基準となる与信額を含めた総称です。クレジット・リミットは、与信管理部門が信用集中リスク管理と関連づけて一体で管理します。

── 解　説 ──

　与信管理部門は、クレジット・リミットの設定や与信集中リスクの管理等を通じて、信用リスクを適切にコントロールすることが求められています。

　「クレジット・リミット」とは、個々の与信先あるいは企業グループ等に対する与信額の上限（限度額）のみを意味するものではなく、金融機関の与信総額に占める当該与信先あるいは企業グループへの与信額の比率の上限（与信集中限度）、与信方針の再検討を実施する際の基準となる与信額等の総称です。

　具体的な与信額上限等の設定や見直しの管理（クレジット・リミットの管理）は、理事会等の承認を得て定められた内部規程に従い、事業推進部門等から独立した与信管理部門で行われることが原則です。すなわち与信管理部門は、クレジット・リミットを超えた際の与信管理部門（場合によっては理事会等）への報告体制、権限、手続等を定めたクレジット・リミットに係る内部規程や業務細則等を策定し、かつ、それらの規程に従って適切にクレジット・リミット管理を行います。金融機関によっては、クレジット・リミットの全部または一部の設定権限を、事業推進部門や審査部門など与信管理部門以外に付与している場合もありますが、その際には、クレジット・リミットの総体的な管理権限が、それらの部門から独立した与信管理部門にあり、十

Ⅳ　信用リスク管理態勢　113

分な牽制機能が確保されていなければいけません。

　クレジット・リミット管理の目的は、一部の与信先等に信用リスクが過度に集中することの回避にあり、信用集中リスク管理とは密接な関係にあります。したがって、両者は一体で運用されるべきものといえます（Q41）。

　その意味では、クレジット・リミットの設定は与信先単位だけで行われるのではなく、特定の業種、地域、商品等のリスク特性が相似した対象の与信へと、必要に応じて拡大適用されます。

Q41 信用集中リスク管理は、どのように行えばよいのでしょうか。

A 信用集中リスクは、与信管理部門による信用リスクのコントロール手段として、たとえば、大口与信先、特定の業種、地域、商品等リスク特性が相似したグループを対象に、ポートフォリオ状況を適切に把握・管理することによって実施されます。

---- 解　説 ----

　与信管理部門は、クレジット・リミットの設定や与信集中リスク管理等を通じて、信用リスクを適切にコントロールしなければなりません。与信ポートフォリオの状況（なかでも特定業種や特定企業グループ等に対する与信集中状況）を適切に管理することは、信用リスク管理上の効果的ツールとなります。

　信用集中リスク管理は、次の点に留意して行う必要があります。

　第一に、特定の企業や企業グループに対する与信の集中状況をチェックします。そこでは、金融機関の経営に大きな影響を及ぼす可能性がある大口与信先を合理的な基準により抽出・把握し、その信用状況や財務状況について継続的にモニタリングを行い、個別に管理する態勢を構築する必要があります。この大口与信先の抽出・把握は、関連企業等を含む企業グループ単位で行います。また理事会等は、自ら大口与信先を的確に把握し、その信用リスク管理を主体的に行わなければなりません。

　さらに、特定の業種、地域、商品等のリスク特性が相似した対象への与信については、たとえば、それぞれのポートフォリオにおけるクレジット・リミットの設定や債権流動化等による信用リスクの分散化によって、信用集中リスクを適切に管理することが必要です。

　また、ポートフォリオの状況を含む信用集中の状況は、定期的に理事会等に報告されなければなりません。

Q42 問題債権はどのような管理が必要でしょうか。

A 問題債権の管理では、問題債権管理部門が、管理対象となる問題債権を早期に把握して管理下に置き、問題先の経営状況等を適切に把握・管理することが必要です。その際には債務者の再生可能性を検討し、可能性がある債務者については極力再生の方向で取り組むことが求められます。

------- 解　説 -------

1　問題債権管理部門の設置と役割

　金融検査マニュアルは、問題債権の管理部門を信用リスク管理部門の主要な一部門と位置づけ、その役割や責任を次のように記載しています。
① 　問題債権が金融機関の経営の健全性に与える影響を認識し、信用リスク管理規程に基づき、問題債権として管理が必要な債権を早期に把握する態勢を整備すること
　・なお、問題債権を専門に管理・回収にあたる専担体制については、組合（総合農協、信農連、漁協、信漁連）にあっては構築が望ましいとされていますが、農林中央金庫においては専担体制が義務づけられています。
② 　信用リスク管理規程に基づき、問題与信先の経営状況等を適切に把握・管理し、必要に応じて再建計画等の策定指導や債権の整理・回収を行うこと
③ 　問題債権の状況につき、理事会等が定めた報告事項を報告する態勢を整備すること
④ 　金融円滑化管理責任者と連携して、金融円滑化の趣旨に照らして不適切な事例・情報を収集し、金融円滑化管理責任者に報告すること

2　問題債権の管理における留意点

問題債権の管理について、金融検査マニュアルは次のような点を検査項目として掲げています。

① 問題債権管理に際しては、債務者の再生可能性を適切に見極め、再生可能な債務者については極力再生の方向で取り組むこと。
② 延滞が発生した債務者について、延滞発生原因の把握と分析を行い、適時に相談・助言を行うなどにより、延滞長期化の未然防止に取り組むこと。
③ 問題債権の売却・流動化（証券化）によりオフバランス化を図る場合には、信用補完等により実質的に当該債権の信用リスクを負担し続けることなく、信用リスクが明確に切り離されることが確認・検証できる態勢となっていること。また、問題債権の売却・流動化に際しては、原債務者の保護に配慮し、債務者等を圧迫しまたはその生活や業務の平穏を害するような者に対しては譲渡しない態勢を整備すること。

V

資産査定管理態勢

Q43 資産査定管理態勢の整備として、どのようなことが必要でしょうか。

A 理事会等は、資産査定管理部門の管理者を任命し、自己査定基準および償却・引当基準を策定させて組織内に周知させ、適正な資産査定と償却引当の実施を図ります。また、資産査定管理態勢の実効性の分析・評価を行い、必要に応じて改善を行います。

――――― 解　説 ―――――

1　理事会等による資産査定管理態勢の整備・確立

　資産査定とは、金融機関の有する資産を個別に検討して、回収の危険性または価値の毀損の危険性の度合いに従って区分することであり、預貯金者の預貯金等がどの程度安全確実な資産に見合っているか、言い換えれば、資産の不良化によりどの程度の危険にさらされているかを判定するものです。

　金融機関が自ら保有資産を査定することを「自己査定」といいますが、金融機関におけるこのような資産査定に係る管理態勢の整備・確立は、金融機関の業務の健全性および適切性を維持する観点からきわめて重要であり、理事会にはこれらの態勢の整備・確立を自ら率先して行う役割と責任があります。具体的には次のとおりです。

　① **内部規程・組織体制の整備**

　理事会は、自己査定基準および償却・引当基準を資産査定管理部門の管理者に策定させ、コンプライアンス統括部門および内部監査部門の承認を得て、組織内に周知させる必要があります。資産査定管理部門は、自己査定管理部門と償却・引当管理部門で構成されます。

　② **資産査定管理態勢の整備**

ⅰ）　理事会等は、自己査定を適切に実施する態勢を整備し、知識と経験を有

する人材を自己査定管理部門の管理者に任命して権限を付与し、同部門へ適正な人員を配置し、外部機関（会計監査人、中央会または漁連等）の監査等における自己査定の事後チェックのため各部門における査定資料等の保存態勢を整備することが必要です。

ⅱ) 理事会等は、償却・引当額の適正な算定が実施される態勢を整備し、知識と経験を有する人材を償却・引当管理部門の管理者に任命して権限を付与し、同部門へ適正な人員を配置し、償却・引当実施状況に係る外部機関の監査等における事後チェックのため各部門における資料等の保存態勢を整備することが必要です。

ⅲ) 理事会等は、第一次査定部門および第二次査定部門における資産査定管理態勢として、これらの部門へ内部規程・業務細則等を周知させ遵守させる態勢を整備することが求められます。

ⅳ) 理事会等は、報告事項および承認事項を適切に設定したうえで、定期的あるいはタイムリーに状況の報告を受け、または承認を与える態勢を整備する必要があります。特に、経営に重大な影響を及ぼす事案については、すみやかに報告させる態勢が求められます。

ⅴ) 理事会は、監事へ直接報告されるべき事項を特定した場合には、それを管理者から直接報告させる態勢を整備しなければなりません。

ⅵ) 理事会等は、内部監査部門に、資産査定管理につき監査すべき事項を適切に特定させ、内部監査実施要領および内部監査計画を策定させて、それを承認する必要があります。

ⅶ) 理事会等は、定期的またはタイムリーに、資産査定管理の状況に関する報告や調査結果等をふまえ、自己査定基準や償却・引当基準および組織体制の整備プロセスの有効性を検証し見直すことが必要です。

ⅷ) 理事会等は、前記ⅶ)の分析・評価結果に基づき改善計画を策定し実施する態勢を整備したうえで、その活動状況をチェックし、かつ改善プロセスの見直しを行う必要があります。

2 資産査定管理部門管理者の役割・責任

資産査定管理部門の管理者の役割・責任は、次のとおりです。
① 自己査定基準および償却・引当基準を策定し、理事会等の承認を得たうえで、組織内へ周知させること
　・自己査定基準は、金融検査マニュアルによる枠組みに沿った明確かつ妥当なものであることが必要で、査定対象資産、査定管理態勢、査定実施基準、その運用に係る責任体制が明確に記載されていることを要します。
　・償却・引当基準は、金融検査マニュアルによる枠組みおよび企業会計基準に沿い明確かつ妥当であることを要し、償却・引当が必要な資産の範囲、償却・引当管理態勢、償却・引当額の算定基準、その運用に係る責任体制が明確に記載されていることを要します。
② 自己査定、償却・引当を適切に実施するための態勢を整備すること
　・業務細則としての自己査定マニュアル、償却・引当マニュアルを策定し、信頼度の高いシステムを整備することや、研修の実施が必要です。
③ 継続的な業務執行状況のモニタリングと管理態勢の実効性の検証・見直し

Q44 自己査定について説明してください。

A 自己査定は、金融機関の資産内容を正確かつ客観的に反映した財務諸表を作成し、それに基づいた正確な自己資本比率を算出するための準備作業です。貸出金等の場合は、信用格付に基づき債務者区分を実施し、担保や保証による調整を行ったうえで、適正な分類額の算出を行います。

---- 解　説 ----

1　自己査定の意義

　金融庁が発動する早期是正措置は、金融機関の自己資本比率の状況に応じて発動されますが、そのためには、金融機関の資産内容を極力正確かつ客観的に反映した財務諸表が作成され、それに基づき正確な自己資本比率が算出される必要があります。自己査定は、この目的のために行われる準備作業であり、決算期末日を基準日として、金融機関が有する全資産の回収の危険性または価値の毀損の危険性の度合いを、金融機関自身が査定します。ただし基準日については、実務上は、決算期末日から3カ月以内の日を仮基準日として実施することが可能です。

　また自己査定は、保有資産に内在する信用リスクを金融機関自身が主体的に管理するための手段であり、適正な償却・引当を行うための準備作業でもあります。

2　自己査定の実施態勢

　自己査定の実施態勢は、各事業関連部門（支所・支店および本所・本店の事業部門ならびに本所・本店における貸出承認部門）に対して十分な牽制機能が

V　資産査定管理態勢　123

発揮されるように理事会等が整備しますが、金融検査マニュアルは次の２つの態勢を例示しています。
① 支所・本所の各事業部門において第一次査定を実施し、本所（本店）企画管理部門等において第二次査定を実施したうえで、各事業関連部門から独立した部門（自己査定管理部門等）がその適切性を検証する方法
② 各事業関連部門の協力のもとに、各事業関連部門から独立した部門が自己査定を実施する方法

上記いずれの方法でも、またこれ以外の方法であっても、金融機関の実情を勘案した自己査定態勢を整備できますが、各事業関連部門への牽制機能が確保されていることが重要であり、①の方法の場合には、第一次・第二次査定部門に対し遵守すべき内部規程・業務細則等を周知し遵守させる態勢を整備することが求められます。

また、自己査定管理部門等とは、自己査定管理部門のほか、事業関連部門から独立した自己査定の実施部門や検証部門等、金融機関の規模・特性に応じて設けられた、自己査定を適切に実施するための機能を担う部門のことをいいます。

3　自己査定の手順

貸出金やこれに準ずる債権（貸付有価証券、未収利息、外国為替、債務保証見返り等）の自己査定は、原則として、まず債務者の信用格付を行い、それに基づいて債務者区分を行ったうえで、債権の資金使途等の内容を個別に検討し、担保や保証等の状況による調整を加えて、債権の回収の危険性または価値の毀損の危険性の度合いに応じて、分類を行います。債権には分類対象外とされているものがあり（Q46）、また、担保については優良担保や一般担保の処分可能見込額を、保証については優良保証の回収可能見込額を控除して、分類額を算出します（Q47、Q48）。貸出金に準ずる仮払金や信用リスクを有するその他資産も、この手順に準じて分類を行います。

有価証券、デリバテイブ取引、固定資産、ゴルフ会員権については、それ

ぞれ、その資産性を勘案した分類方法が定められています。

4　自己査定に関する金融検査

自己査定に関する金融検査においては、自己査定態勢の整備状況や自己査定基準の適切性および自己査定結果の正確性について、検証が行われます。

① 自己査定態勢の整備状況の検証ポイント
  ・自己査定基準が正式な内部手続を経て決定され、明文化されていること
  ・自己査定実施部門、監査部門の明定と牽制機能の発揮体制
  ・自己査定に精通した人材の配置状況
  ・自己査定結果の理事会等への報告状況
  ・自己査定結果についての適正な監査状況
② 自己査定基準の適切性の検証ポイント
  ・自己査定基準の明確さおよび妥当性
  ・金融検査マニュアルの枠組みや関係法令との整合性
  ・担保評価ルールや有価証券等の簡易な査定ルール等の合理性
③ 自己査定結果の正確性の検証ポイント
  ・自己査定が、自己査定基準に則して正確に行われていること
  ・査定結果が不適切または不正確な場合の原因分析と改善策の検討実施状況

Q45 「債務者区分」「債権区分」「分類」について説明してください。

A 「債務者区分」とは、債務者を返済能力等により「正常先」「要注意先」「破綻懸念先」「実質破綻先」「破綻先」の5つに区分することをいい、自己査定のスタートの作業です。「債権区分」は金融再生法施行規則に基づく債権の公表基準であり、「正常債権」「要管理債権」「危険債権」「破産更生債権およびこれらに準ずる債権」の4区分があります。また、「分類」とは、自己査定において、回収の危険性または価値に毀損の危険性の度合いに応じて、資産をⅠ、Ⅱ、Ⅲ、Ⅳの4つに分けることをいい、Ⅰ以外を分類債権といいます。

----------- 解　説 -----------

1　債務者区分とは……

　「債務者区分」とは、債務者の実態的な財務状況、資金繰り、収益力等により債務者の返済能力を検討し、その結果によって、債務者を「正常先」「要注意先」「破綻懸念先」「実質破綻先」「破綻先」に区分することをいいます。この作業は自己査定の出発点です。

　各区分の定義は、次のとおりです。

① 　正常先……業況が良好であり、かつ、財務内容にも特段の問題がないと認められる債務者をいいます。実務上は、以下の4区分のいずれにも属しない債務者を指します。

② 　要注意先……貸出条件に問題がある債務者（返済条件が期日一括返済となっている長期貸出を有する先等）、履行状況に問題がある債務者（一時延滞先、利払遅延先等）のほか、今後の貸出管理に注意を要する債務者（業況が低迷ないし不安定な先、債務超過等財務内容に問題がある先等）をいいま

す。後述の「債権区分」との関係で、「要管理先」と「その他要注意先」に分けて管理される場合もあります。

③ 破綻懸念先……現状は経営破綻の状況にはないが、経営難の状況にあり、経営改善計画等の進捗状況が芳しくなく、今後経営破綻に陥る可能性が大きいと認められる債務者をいい、金融機関が支援継続中であってもこの区分に含まれる場合があります。

④ 実質破綻先……法的・形式的な経営破綻の事実は発生していないが、深刻な経営難の状況にあり、経営再建見通しがない状況にあるなど、実質的に経営破綻に陥っている債務者をいいます。

⑤ 破綻先……法的・形式的な経営破綻の事実が発生している債務者をいい、破産、民事再生、会社更生、特別清算の手続申立て先や、手形交換所の取引停止処分を受けている先が該当します。なお、特定調停手続先は直ちには破綻先とはなりません。

債務者区分の判定に際しては、貸出条件、事業の継続性と収益性の見通し、キャッシュフローによる債務償還能力、経営改善計画等の妥当性、金融機関の支援状況等を総合的に勘案することが必要です。特に、農林漁業者、中小・零細企業等については、総じて気象条件や景気の影響を受けやすく、一時的収益悪化により赤字に陥りやすい面があり、債務者の財務状況だけでなく、技術力、販売力や成長性、代表者等の収入状況や資産内容、役員に対する報酬支払状況、保証状況や保証能力等を総合的に勘案し、当該債務者の経営実態をふまえて判断するものとされています。

2　債権区分とは……

「債権区分」とは、金融再生法施行規則4条に基づき、金融機関の有する債権を債務者の財政状態および経営成績等をベースに、「正常債権」「要管理債権」「危険債権」「破産更生債権およびこれらに準ずる債権」の4つに区分することをいい、この区分別の内容は公表されるものとされています。各区分の定義等は、次のとおりです。

① 正常債権……国、地方公共団体に対する債権および被管理金融機関に対する債権、正常先債権、要注意先への債権のうち要管理債権に該当する債権以外の債権
② 要管理債権……要注意先への債権のうち、3カ月以上延滞債権および貸出条件緩和債権
③ 危険債権……破綻懸念先への債権
④ 破産更生債権およびこれらに準ずる債権……実質破綻先および破綻先への債権

債権区分は公表のための査定基準にすぎず、これによって自己査定の債務者区分の枠組みが変わるものではありません。

3　分類とは……

「分類」とは、自己査定において、回収の危険性または価値の毀損の危険性の度合いに応じて、資産をⅡ、Ⅲ、Ⅳ分類に分けることをいい、これら3つに分類しないこと（Ⅰ分類）を「非分類」といいます。各分類の定義は、次のとおりです。
① Ⅰ分類（非分類）……回収の危険性または価値の毀損の危険性につき問題のない資産
② Ⅱ分類……債権確保上の諸条件が充足されないため、あるいは、信用上の疑義がある等の理由により、回収について通常の度合いを超える危険を含むと認められる資産
③ Ⅲ分類……最終の回収または価値について重大な懸念があり、したがって、損失の発生可能性が高いが、その損失額について合理的な推計が困難な資産
④ Ⅳ分類……回収不可能または無価値と判定される資産

Q46 分類対象外債権とは何でしょうか。

A 分類対象外債権としては、決済確実な割引手形、特定財源により短時日に回収が確実視される債権、正常な運転資金に見合う債権、優良担保付債権、優良保証付債権、政府出資法人向け債権、出資者の脱退または除名による返戻金から金融機関が回収を予定している場合の当該返戻金に見合う債権があります。

------ 解　説 ------

「分類対象外債権」とは、その債権の性格上、無条件で分類の対象から外れる債権をいい、下記のような債権が該当します。
① 決済確実な割引手形……現状、正常に決済されている手形は、これを決済確実とみなしてさしつかえありませんが、金融機関が、自己査定で破綻懸念先、実質破綻先、破綻先に区分している先が振り出した手形は除外されます。
② 特定の返済財源により短時日（おおむね1カ月以内）に回収が確実と認められる債権……特定の財源とは、近く入金が確実な増資・社債発行代り金、不動産売却代金、代理受領契約に基づく受入金、返済に充当されることが確実な他金融機関からの借入金等で、それぞれエビデンスによって入金の確実性が確認できるものが対象です。
③ 正常な運転資金……正常な営業活動を行ううえで恒常的に必要となる運転資金に相当する債権をいいます。正常な運転資金は、通常、次の算式で求められます。
　　売掛金＋割引手形を除く受取手形＋棚卸資産－仕入債務（買掛金＋支払手形）
　　各勘定科目の数字は直近のバランスシートから求めますが、不良化・長

期化・渋滞化しているものは除外して計算します。また、正常な運転資金の算定が可能な先は要注意先までに限られ、破綻懸念先以下の先には適用できません。また、ノンバンクや不動産業については、業種の特性から正常な運転資金の算定は困難です。

④ 優良担保付債権あるいは預貯金等に緊急拘束がかけられている場合の処分可能見込額に見合う債権（優良担保についてはQ48参照）

⑤ 優良保証付債権および保険金・共済金の支払が確実と認められる保険・共済付債権（優良保証についてはQ48参照）

⑥ 政府出資法人に対する債権……国や地方公共団体向けの債権は、債務者の内容いかんにかかわらず非分類です。また、政府出資法人や地方公共団体が出資または融資している債務者については、原則として、一般事業法人と同様の方法で分類します。

⑦ 系統金融機関で、出資者の脱退または除名により、出資金の返戻額により債権の回収を予定している場合には、その出資金相当額に見合う債権

Q47 担保や保証による調整とは何でしょうか。

A 自己査定における債権の分類額の算出に際し、担保や保証がある場合にはそれを勘案して分類額を算定します。優良担保の処分可能見込額および優良保証等で保全されている部分の額は非分類となり、一般保証の処分可能見込額および一般保証により保全されている部分の債権額はⅡ分類となります。

解　説

　自己査定における個別債務者ごとの債権の分類に際し、担保や保証がある場合には、それを勘案して分類額を算定します。これが担保・保証による調整とされるものです。

　具体的には、担保や保証を優良担保・優良保証等と一般担保・一般保証に区分し、優良担保の処分可能見込額で保全されているもの、および優良保証等による回収可能見込額で保全されているものは、非分類として分類対象債権額から控除されます（優良担保、優良保証等はQ48参照）。

　また、一般担保の処分可能見込額で保全される部分はⅡ分類となり、一般保証の回収可能見込額部分もⅡ分類となります。なお、優良担保および一般担保の担保評価額と処分可能見込額との差額（担保掛け目部分）は、要注意先債権ではⅡ分類ですが、破綻懸念先以下の債権においてはⅢ分類とされます。

　債務者ごとの分類額の算出式をまとめると、次のようになります。

　　分類額＝債権総額－（分類対象外債権＋優良担保・優良保証等の回収見込額）

Ⅴ　資産査定管理態勢　131

Q48 優良担保・優良保証等とは何でしょうか。

A 債権の分類上で非分類として扱われる優良担保には、預貯金や国債等の信用度の高い有価証券、決済確実な商業手形等があります。同様に非分類とされる優良保証等には、信用保証協会や農林漁業信用基金等の公的信用保証機関の保証、金融機関の保証、複数の金融機関が共同で設立した保証機関の保証、上場有配または店頭公開有配の一般事業会社の保証で保証能力が認められるもの、住宅金融支援機構の「住宅融資保険」や民間保険会社の「住宅ローン保証保険」等があります。

――― 解　説 ―――

　優良担保や優良保証等で保全されている債権額は非分類として扱われ、分類額から控除されます。優良担保や優良保証等の対象となるものは、以下のとおりです。

1　優良担保

① 　預貯金等……預金、貯金、掛け金、元本保証のある金銭の信託、満期返戻金のある保険・共済（基準日時点の解約受取額が処分可能見込額）。
② 　国債等の信用度の高い有価証券……国債、地方債、政府保証債、特殊債（公社・公団・公庫等の特殊法人、政府出資のある会社の発行する債券）、金融債、信用格付業者の直近の格付がBBB格相当以上の債券を発行している会社の発行するすべての債券、上場株式、店頭公開株式、政府出資会社（清算会社を除く）の発行する株式、信用格付業者による直近の格付がBBB格以上の債券を発行する会社の株式、国内外の上場会社の発行するすべての株式および上場債券発行会社の発行するすべての外国債券など。

③　決済確実な商業手形……手形振出人の財務内容や資金繰り等に問題がなく、かつ、手形期日の決済が確実な手形をいいます。

またこれらに該当しても、担保処分に支障があるものは優良担保から除外されます。

2　優良保証等

① 　公的信用保証機関の保証……信用保証協会、農林漁業信用基金、農・漁業信用基金協会等の保証。
②　金融機関の保証
③　複数の金融機関が共同で設立した保証機関の保証
④　地方公共団体と金融機関が共同で設立した保証機関の保証
⑤　地方公共団体の損失補償契約等で保証履行の確実性が高いもの
⑥　一般事業会社のうち、原則として上場有配会社または店頭公開有配会社の保証……保証者が十分な保証能力を有し、正式な保証契約による場合に限ります。
⑦　住宅金融支援機構の「住宅融資保険」などの公的保険……このほか、貿易保険制度による輸出手形保険、海外投資保険も対象となります。
⑧　民間保険会社の「住宅ローン保証保険」

ただし上記に該当する保証等であっても、保証履行の確実性が疑問視される場合や、保証を受けた金融機関側に保証履行請求の意思がない場合、保証会社から代位弁済を拒否されている場合には、優良保証とは扱わないこととされています。

また、一般事業会社の保証予約および経営指導念書によるものは、当該保証会社の財務諸表上で保証予約等が保証行為として注記されている場合や、その内容が法的に保証と同等の効力を有することが明らかである場合であって、当該会社の正式な内部手続を経ていることが文書その他で確認でき、かつ当該会社が十分な保証能力を有するならば、正式保証と同等に扱ってさしつかえないものとされています。

Q49 担保評価で留意すべき事項は何でしょうか。

A 担保評価額は、客観的・合理的な評価方法で算出した評価額(時価)とすることが原則です。

不動産担保の場合は、現況に基づく評価が基本であり、法令上の制限を調査して適切に行うことが必要ですが、金融機関の自己査定においては、あらかじめ担保評価ルールを規定化しておき、それを統一的かつ継続的に適用します。農地や調整区域内の土地については、利用方法や所有者に制限があるので、それを念頭に置き評価することが必要です。

不動産以外の担保については、換価処分の容易さ、対抗要件の具備方法、担保管理の簡便さが、担保としての適正要件ですが、担保評価の大前提は処分可能価格(換価予想額)を把握することにあります。

---- 解 説 ----

自己査定における担保評価額は、客観的・合理的な評価方法で算出した評価額(時価)とすることが原則です。そのうえで、必要に応じ評価額推移の比較分析や償却・引当等との整合性を検証します。

1 不動産担保の場合

担保不動産の評価については、現況に基づく評価が基本であり、現地調査とともに権利関係の態様、法令上の制限(建築基準法、農地法など)を調査のうえ、適切に行う必要があります。土壌汚染やアスベスト等の環境条件にも留意が必要です。

金融機関の自己査定では、多数の担保不動産を限られた時間やコストの範

囲内で評価しなければならず、そのために以下のような点を骨子にした評価ルールを規定化しておき、それを統一的かつ継続的に適用することで、客観性・合理性の確保を図ります。

① 土　　地

　一般的な宅地等については、公示地価、基準地価、相続税路線価、近隣売買事例価格のいずれか、または全部を基準として評価し、それに事情補正、時点修正などを行います。

　担保評価額が一定額以上のもの（基準は金融機関の実情を勘案して規定化）や評価に専門知識が必要なものなどは、不動産鑑定士の鑑定評価によることが望ましいでしょう。

　更地を担保評価する際には、その土地の最適な利用ケースを想定して将来の換価額を予測する方法が好ましいとされていますが、農地や調整区域内の土地は利用方法や所有者（売却先）に制限があるので、それを念頭に置き評価する必要があります。この場合には、評価は保守的なものになりがちですが、当該土地をどのように利用し、どの程度のキャッシュフロー（農業所得や農外収入）を獲得できるかという点を加味して評価することが、その適正さを増すことになります。この点については、系統内の専門業者や評価システムを利用して、評価の適切性を確保することが望ましいと考えます。

② 建　　物

　基本的には原価法による価額で評価しますが、賃貸ビル等収益物件の評価は、その底地も含めて、原則的に収益還元法により評価し、必要に応じて取引事例評価や原価法評価を加えるものとされています。

2　不動産以外の担保の場合

　不動産以外の担保物件としては、有価証券、商品や畜産用の牛・豚・鶏などの動産、債権、船舶、航空機、自動車等がありますが、それらの評価の大前提は処分可能金額（換価予想額）の把握です。担保物件としては、処分が容易で、第三者対抗要件の具備手段があり、担保管理が簡便であるものがよ

く、なかでも換価処分が容易であることが重要です。

　金融検査マニュアルでは、動産や債権の担保取得に際しては、対抗要件の適切な具備、数量や品質等の継続的モニタリング、客観的・合理的方法による評価、適切な換価手段と担保処分時の物件の適切な確保手段の確立が、前提であるとしています。対抗要件については、「動産・債権譲渡特例法」による動産譲渡登記や債権譲渡登記の活用が考えられます。

　最近では、畜産農家に対する「動産・債権担保融資」（ABL）の活用も増加していますが、肥育中の疫病等による牛・豚・鶏などの死亡・毀損リスクに加え、肥育途中の家畜を売買する市場が存在しないため債務者のデフォルト時の処分価額が総じて低下する点など、担保としての適切さに欠ける面があります。その点の補正には、日本政策金融公庫の「畜産ABLスキーム」等を活用することも検討すべきでしょう。

Q50 貸出条件緩和債権について説明してください。

A 貸出条件緩和債権とは、経営的困難に陥った債務者の再建または支援を図るため債務者に有利な取決めを行った貸出債権をいいます。ただし、これにはいくつかの例外的措置があります。また、過去に貸出条件緩和債権であったものが、債務者の経営状況改善等で信用リスクが減少したこと等により、もはやそれに該当しないものとできる基準（卒業基準）が設けられています。

――――――― 解　説 ―――――――

1 貸出条件緩和債権とは……

　貸出条件緩和債権とは、経営的困難に陥った債務者の再建または支援を図るため債務者に有利な取決めを行った貸出債権であり、金利棚上げ、金利減免、返済猶予、貸出債権の一部放棄、代物弁済の受領、貸出の一部の株式転換（DES）や劣後ローン化（DDS）などを行った債務者への貸出債権が該当します。

　金利引下げや返済猶予等の貸出条件変更を実施した場合でも、当該債務者が正常先の場合、他の金融機関との競争的観点から行われた場合、当初約定時点から決められていた場合、住宅ローン等の定型商品における軽微な条件変更などの場合は、債務者の再建・支援目的ではないので、貸出条件緩和債権には該当しません。

　貸出条件緩和債権は、3カ月以上延滞債権とともに、金融再生法規則で定められた「要管理債権」となり、「要管理債権」は、「危険債権」「破産更生債権およびこれに準ずる債権」とともに、金融機関による情報開示の対象となります。また、要管理債権を有する債務者を「要管理先」として、それ以

外の「その他要注意先」と分別して管理することが望ましいとされています。

2 貸出条件緩和債権に該当しないとされる特例

前記による場合のほかは、貸出条件を債務者に有利に変更した債権は貸出条件緩和債権となりますが、金融検査マニュアルではいくつかの特例を設け、以下の場合は貸出条件緩和債権には該当しないものとしています。

① 資産の売却処分等が確実でそれによる信用リスク軽減効果が認められる場合

債務者の保有資産等の売却処分等が確実で、それによる返済財源が確保されている場合には、それだけ信用リスクの軽減効果が認められ、その結果、当該債務者との取引の総合的採算を勘案すれば当該貸出金に対して基準金利が適用される場合と同等の利回りが確保されていると判定できるならば、貸出条件緩和債権には該当しないものとすることができます。返済財源として勘案できる資産等は、遊休不動産等売却代金だけではなく、たとえば、第一次産業における季節的な集荷時期到来による収入や、資産の証券化による収入等も対象になります。

ここでいう「基準金利」とは、同等の信用リスクを有する債務者群に対して通常適用される新規貸出金利であり、信用リスクコスト、資金調達コスト、経費コストを織り込んで経済合理性に従い決定されるものです。これを下回るような金利の引下げは、原則的に債務者支援目的とみられ、他の金融機関との競争的観点から行われる場合や当初約定時から決められていた場合を除いて、当該債権は貸出条件緩和債権になります。また、「取引の総合的採算」とは、当該貸出債権以外の貸出金の利息収入、手数料収入、配当収益、担保・保証等による信用リスクの増減、競争上の観点等を加味した取引採算をいいます。

つまり、資産の売却等による返済が予定されている場合は、信用リスクの軽減効果が見込まれるため、たとえ貸出債権の表面金利が基準金利以下であ

っても、総合的取引採算を勘案した利回りが基準金利を上回っていれば、当該債権は貸出条件緩和債権ではないとされているのです。

② **中小・零細企業向けの特例**

中小・零細企業向けの貸出金については、担保や保証により100％保全されている場合には、金融機関の調達コスト（資金調達コストおよび経費）を下回る場合を除き、貸出条件緩和債権には当たりません。また、貸出金利が調達コストを下回っている場合でも、黒字化を織り込んだ合理的かつ実現可能性の高い経営改善計画の要件を満たす収支計画等が策定されている中小企業に対する貸出金は、貸出条件緩和債権とはしないとされています（系統金融検査マニュアル別冊［農林漁業者・中小企業融資編］事例22参照）。

また、担保・保証により保全されている元本返済猶予債権であっても、担保不動産でその6割が保全され、残り4割も有事の際には私財提供の意思を明らかにしている代表者の個人資産で十分にカバーされている場合には、信用リスクは僅少であり基準金利と同等の利回りが確保できているものとして、当該債権は貸出条件緩和債権とはしないとされています（前記事例22参照）。

なお、金融円滑化法施行に伴う恒久的な措置として、貸出条件変更等の日から最長1年以内に、実現可能性の高い抜本的な経営再建計画等を策定できる見込みがあれば、計画策定猶予期間中は貸出条件緩和債権とはしないこととされています。同法は時限法ですが、有効期限は平成24年3月末まで延長されています。

3　貸出条件緩和債権の「卒業基準」

過去に貸出条件を緩和した債権であっても、債務者の経営状況が改善し信用リスクが減少した結果、当該貸出金に対して基準金利が適用される場合と実質的に同等以上の利回りが確保されていると見込まれる場合には、当該貸出金はもはや、貸出条件緩和債権には該当しないものと判断できます。これが貸出条件緩和債権のいわゆる「卒業基準」と称されるもので、特に、実現

可能性の高い抜本的な経営改善計画に沿った金融支援の実施により経営再建が開始されている場合には、当該経営改善計画に基づく貸出金は貸出条件緩和債権には該当しないものと判断してさしつかえありません。

ここでいう「実現可能性の高い」とは、計画の実現に必要な関係者全員の同意があり、計画を超える追加的支援が不要と見込まれ、計画における売上高・費用および利益の予測等が十分に厳しいものであることをいい、「抜本的な」とはおおむね3年後には債務者区分が正常先となることをいいます。

ただし、債務者が農林漁業者、中小・零細企業等の場合は、債務者が経営改善計画等を策定していない場合でも、たとえば、今後の資産売却予定、役員報酬や諸経費の削減予定、新商品の開発計画等収支計画表等のほか、債務者の実態に即して金融機関が作成した資料をふまえて信用リスクを勘案できます。また、計画の進捗状況がおおむね1年以上順調に推移している場合には、その計画を実現可能性の高いものと判断してさしつかえありません。

Q51 住宅ローン等に適用される「簡易な基準による分類」とは、どのようなものでしょうか。

A 住宅ローン等個人向け定型ローンや、農林漁業者や中小事業者向け小口定型ローンについては、一般融資先の分類基準にかえて、簡易な基準による分類が認められています。

------- 解　説 -------

　金融検査マニュアルにおいては、住宅ローン等個人向け定型ローンや農林漁業者もしくは中小事業者向け小口定型ローンについて、自己査定における「簡易な基準による分類」の適用を認めています（「資産査定管理態勢の確認検査用チェックリスト」別表1（自己査定）1.債権の分類方法(7)債権の分類基準）。

　スコアリング方式による債務者の信用判定に基づき、融資金額の上限を設けたうえで、金利・返済方法・融資期間等の条件を画一的に設定した、中小事業者等向けの小口定型ローンの融資量は近年ふえつつありますが、このような小口ローンに対しても、一般貸出の分類基準を適用して自己査定を行うことは事務的に煩瑣であり、また重要性原則の見地からも厳密な査定は非効率と考えられます。

　そこで住宅ローン等の個人向け定型ローンや農林漁業者・中小企業向けの小口定型事業ローンについては、一般貸出金とは別の簡易な分類基準の適用が認められています。

　マニュアルは、簡易な基準として「延滞状況等」としか例示していませんので、具体的な基準は金融機関が適切に定めることになります。たとえば、「延滞の発生」は典型的な分類基準と考えられ、一度でも延滞発生があれば「要注意先」、延滞が常態化して回復見込みが薄ければ「破綻懸念先」、それ以下の状況であれば「実質破綻先」あるいは「破綻先」として分類を行うといった扱いが考えられます。このほか、赤字転落等決算内容の悪化や経営者

に事故が発生したことなどスコアリング要件の重大な変化、貸出条件の下方修正の申出（返済猶予、金利引下げ等）も、簡易な基準の要素と考えられます。

簡易な基準が適用される債務者の範囲は、小口定型ローンや個人定型ローンだけの融資先に限定され、一般貸出とあわせて取引中の債務者は一般貸出先の基準で分類を行います。

「小口」とする金額の上限や、定型化されたローン商品内容の変更をどの程度まで認めるか（認めないのが原則）など、簡易な基準を適用できるローンの範囲は、金融機関の実情にあわせてあらかじめ合理的に決めておく必要があります。

個人向けの住宅ローン（ただし、アパートローンは除かれる場合が多い）、マイカーローン、カードローン、らくらくキャッシュ等の個人向け定型ローンや、農機ハウスローン、営農ローン等の定型事業ローンは、簡易な基準によることができると考えます。

Q52 系統金融検査マニュアル別冊［農林漁業者・中小企業融資編］とは、どのようなものでしょうか。

A 農林漁業者や中小企業の債務者区分判断は、経営者等個人の資産や収入等もふまえた債務者の経営実態に基づいて行われることとされていますが、本別冊は、その具体的な判断ポイントと運用例を明らかにするために作成されたものです。

---- 解　説 ----

　金融庁の系統金融検査マニュアルにおいては、農林漁業者、中小・零細企業等の債務者区分について、債務者の財務状況だけでなく、その技術力、販売力や成長性、代表者等の役員に対する報酬の支払状況、代表者等の収入状況や資産内容、保証状況と保証能力等を総合的に勘案し、経営実態をふまえて判断するものとしています。本マニュアル別冊は、この経営実態をふまえた債務者区分の判断について、金融検査マニュアルの具体的な運用例として公表されたもので、平成21年12月の最終改正で現在の姿になりました。

　そのなかでは、系統金融機関が、継続的な現地訪問等を通じて債務者の技術力・販売力や経営者の資質といった定性的情報を含む経営実態の十分な把握と債務者管理に努めること、きめ細かな経営相談や指導等を通じ積極的に企業や事業の再生に取り組むことが重視され、農林漁業者等の債務者区分の妥当性を検査する際の検証ポイントがあげられています。

　農林漁業者の場合は、個人経営（家族経営）となっていることも多いですが、債務者の資産内容、農外所得等を十分検証し、経営実態の的確な把握に努めることが大切です。

　また、次のような農林漁業者および中小企業等の特性にも留意する必要があります。

① 農林漁業者や中小企業は、総じて気象条件や景気の影響を受けやすいな

ど、一時的な収益悪化により赤字に陥りやすい面があること
② 自己資本が小さいため一時的要因により債務超過に陥りやすく、またリストラの余地等も小さいので黒字化や債務超過解消まで時間がかかること
③ 設備資金等の長期資金を短期資金の借換えで調達しているケースが多いこと

そのうえで本別冊は、以下の項目を債務者区分の検証ポイントとして掲げています。

(1) 代表者等と債務者の一体性
(2) 農林漁業者および中小企業等の技術力、販売力、経営者の資質やこれをふまえた成長性
(3) 経営改善計画の策定および進捗状況
(4) 貸出条件およびその履行状況(条件変更が行われた場合における要因分析の状況)
(5) 貸出条件緩和債権該当判断の妥当性
(6) 企業・事業再生の取組みと要管理先に対する引当状況
(7) 資本的劣後ローンの取扱い

さらには、検証ポイントに関する運用例として35事例が紹介されており、特に、事例28〜事例35の8事例は、農林漁業者向け融資に係るものとなっています。

Q53 償却・引当について説明してください。

A 自己査定の結果、償却・引当を要すると判定された債権については、債務者別に適切に償却・引当をすることが必要です。その場合には個別貸倒引当金へ繰り入れるか、または直接償却します。そのうち、税法上の要件を充足するものは無税償却を、充足できないものは有税償却（有税扱いによる貸倒引当金繰入れ）を行います。これらの措置は破綻懸念先以下の債務者に適用され、正常先や要注意先への債権については、債務者グループごとの債権総額に対し予想損失率を乗じて算定する一般貸倒引当金への繰入れを行います。

---- 解　説 ----

1 償却・引当とは……

　金融機関は、資産の自己査定の結果、貸出債権等に係る貸倒れ等の実態に基づき将来発生が予想される損失額を適時かつ適正に見積もり、その金額を損失として資産から控除し、あるいは貸倒引当金勘定へ繰り入れる必要があります。この一連のプロセスが償却・引当といわれるものであり、損失として資産から控除することを「直接償却」、貸倒引当金勘定へ繰り入れることを「間接償却」といいますが、前者を「償却」、後者を「引当」と称することが多く、金融検査マニュアルもそのように使い分けています。

　自己査定は適正な償却・引当を行うための準備作業と位置づけられますが、それは後述のように、自己査定によって当該決算期の要償却・引当額を把握し、それを必ず償却または引当により適正に、決算上損失処理することとされているからです。

2 償却・引当管理態勢の整備

　理事会等は、下記に示すような適正な償却・引当を実施するための態勢を整備することが必要です。

① 適切な償却・引当額の算定について、たとえば下記のような、自己査定の実施部門および決算関連部門に対し十分な牽制機能が発揮されるような態勢を整備すること
　・自己査定の実施部門において個別貸倒引当金（個別債務者別に繰り入れる貸倒引当金）の算定を行い、決算関連部門において一般貸倒引当金（債務者グループ別の債権総額に対し一括して繰り入れる貸倒引当金）の算定を行ったうえで、事業関連部門および決算関連部門から独立した部門がその適切性の検証を行う方法
　・事業関連部門の協力のもと、事業関連部門および決算関連部門から独立した部門が個別および一般貸倒引当金の算定を行う方法など
② 償却・引当管理部門に、当該部門を統括するのに必要な知識と経験を有する管理者を配置し、当該管理者に対し管理業務の遂行に必要な権限を与えること
③ 事業関連部門および決算関連部門から独立した償却・引当の算定部門や検証部門等、金融機関の特性に応じて設置された償却・引当を適切に実施する機能を担う部門に対し、必要な知識と経験を有する人員を配置し、当該人員に対して必要な権限を与えること

3 償却・引当に関する金融検査

　償却・引当に関する金融検査では、次のような点の検証が行われます。
① 償却・引当態勢の整備等の状況
　・償却・引当基準の枠組みの法令および金融検査マニュアルへの準拠性
　・償却・引当基準の制定および改正手続の妥当性
　・償却・引当体制および監査部門の検証体制の妥当性

・償却・引当状況の理事会等への報告手続および監査状況
② 償却・引当基準の適切性
　・償却・引当基準の明確性および妥当性
　・金融検査マニュアルや法令等の準拠状況
③ 償却・引当結果の適切性
　・償却・引当額の算定が償却・引当基準に沿って適切に行われていること
　・償却・引当態勢の実際の運営状況

4　各債務者区分の償却・引当方法

① 正常先に対する債権

　正常先に対する債権については、その債権総額に対し予想損失率を乗じて算出した金額を、一般貸倒引当金として繰り入れます。

　予想損失率は、過去の損失算定を見込む期間の貸倒実績率または倒産確率の平均値に基づき過去の損失率を求め、これに将来発生が予測される損失見込みに係る必要な修正を行って算定します。

　金融検査マニュアルでは、過去1年間の損失率に基づき算定された予想損失率に則して、今後1年間の予想損失額を見積もっていれば妥当なものとされています。

② 要注意先に対する債権

　要注意先に対する債権についても、債権総額に対する一般貸倒引当金を見積もる方法がとられますが、その際には、信用リスクの多寡に応じて要注意先をグルーピングし、それぞれのグループごとに合理的な今後の一定期間における予想損失額を見積もります。

　金融検査マニュアルでは、要管理先に対する債権については、債権の平均残存期間または今後3年間の、その他要注意先に対する債権については今後1年間の予想損失額を見積もっていれば、妥当なものとされています。

③ 破綻懸念先に対する債権

　破綻懸念先に対する債権については、自己査定でⅢ分類とした額のうち、

Ⅴ　資産査定管理態勢　147

損失の発生が見込まれる額を、債務者別に個別貸倒引当金へ繰り入れます。金融検査マニュアルが掲げる予想損失額の算出方法は、以下のとおりです。
① 破綻懸念先債権のⅢ分類額に予想損失率を乗じて求める方法……予想損失率は、過去3年間の平均実績に基づき算出された損失額をベースに算定します。
② 合理的に見積もられたキャッシュフローにより回収可能な部分を除いた残額を予想損失額とする方法
③ 売却可能な市場を有する債権について、合理的に算定された当該債権の売却可能額を控除した残額を予想損失額とする方法
④ DCF（discounted cash-flow）法による方法……将来のキャッシュフローを当初の約定利子率で割り引いた債権の現在価値と債権の簿価との差額を貸倒引当金へ繰り入れる方法です。

④ 実質破綻先、破綻先に対する債権

実質破綻先および破綻先に対する債権は、自己査定においてⅢ分類およびⅣ分類とした額の全額を予想損失額として、債務者別に個別貸倒引当金へ繰り入れるか、または直接償却します。

5 無税償却と有税償却

債権の償却・引当額に対し税法上の損金基準を適用して行うものを「無税償却」といい、税法上の損金基準を充足しないため税務上は損金とせず会計上だけ損失として扱う償却・引当方法を「有税償却」といいます。有税償却の場合は、実際の損失部分に課税されることになり、余分に税支出を伴うだけ決算上は不利益が生じますので、極力無税償却ができるよう、税法基準の充足を試みるべきです。また、有税償却額が将来無税償却の要件を充足するときは、当該決算期の利益をその分だけ減算でき、余分に払っていた税金が戻されることとなります。この場合、税効果会計制度を適用して有税償却（有税での貸倒引当金繰入れ）の相当額を「繰延税金資産」に振り替え、有税償却実施時における税負担を調整する方法もあります。

VI

その他のリスク管理態勢

1　市場リスク管理

Q54 信用事業では、どのような市場リスクの管理が必要でしょうか。

A 主として、金利リスク・為替リスク・価格変動リスクの3つのリスクを管理する必要があります。

――――――――――― 解　説 ―――――――――――

1　市場リスクとは

　「市場リスク」という言葉は耳慣れないかもしれませんが、市場（為替市場・株式市場などさまざまな市場）に関係するリスクを意味しています。

　金融機関は多数の資産を有し、また負債（預貯金等）を負っています。市場が上下に変化すると、金融機関の資産・負債の価値も上下に変化し、金融機関が損失を被ったり利益を得たりします。このうち、金融機関が損失を被る危険のことを「市場リスク」と呼んでいます。

　市場リスクの正確な定義は、「金利、為替、株式等のさまざまな市場のリスク要素の変動により、資産・負債（オフ・バランスを含む）の価値が変動し損失を被るリスク、資産・負債から生み出される収益が変動し損失を被るリスク」を意味しますが、要約すれば、市場が上下に変化することによって金融機関が損失を被る危険を意味しています。

　金融機関は、このような市場リスクを「管理」するための態勢（内部管理態勢）を整備することが求められます。

2　市場リスクの具体例

市場リスクには、おもなものとして、「金利リスク」「為替リスク」「価格変動リスク」の3つがあります。

まず、「金利リスク」とは、金利が上下に変化することにより損失を被るリスクのことです。預貯金・貸出金・債券・金融派生商品などに金利リスクがあります。

また、「為替リスク」とは、為替相場が当初予定していたものと異なることにより損失を被るリスクのことです。外貨建ての資産・負債、外国為替取引などに為替リスクがあります。

さらに、「価格変動リスク」とは、有価証券等の価格が上下に変化することにより資産価格が減少するリスクのことです。株式などに価格変動リスクがあります。

3　どのような視点から検査がなされるか

市場リスクに対する検査の視点には次の2つがあります。

第一に、検査では、金融機関の戦略目標や規模・特性などに見合った市場リスク管理態勢が整備されているかがチェックされますので、こうした観点をふまえた市場リスクの管理が重要です。

第二に、検査官は、①方針の策定（Plan）、②内部規程・組織体制の整備（Do）、③評価（Check）・改善（Act）態勢の整備がそれぞれ適切に経営陣によってなされているかといった観点からチェックを行いますので、この観点をふまえた市場リスクの管理が重要です。

4　市場リスクの管理方法

市場リスクの管理態勢のチェックの枠組みは、他のリスクの管理態勢のチェックの枠組みと基本的に同じです。

市場リスクの管理態勢に特徴的な点として「限度枠の設定が適切に行われ

ているかをチェックする」ことがあげられます。

　理事会等は、市場リスク管理方針および市場リスク管理規程に基づき、各部門の業務の内容を検討し、各部門の経営上の位置づけなどを勘案し、取り扱う業務やリスクの類型ごとに、それぞれに見合った適切な限度枠（リスク枠、ポジション枠、損失限度枠等）を設定することが必要とされています。

5　市場リスク固有の問題点

　金融検査マニュアルでは、市場リスクに関するおもな個別的問題点として、次の6点をあげています。

① 市場業務運営の適切性（適正価格による取引や限度枠管理など）
② 資産・負債運営の適切性（ALM委員会に関する事項）
③ ファンド（購入時のプロセス・審査など）
④ 市場リスク計測手法（ストレステストなど）
⑤ システム整備（ALMシステムの整備など）
⑥ 時価算定（時価算定の透明性の確保など）

2 オペレーショナル・リスク管理

Q55 事務リスク管理態勢では、どのような点に留意が必要でしょうか。

A 事務リスク管理態勢を実効性あるものにするため、経営陣がリーダーシップを発揮してPDCAサイクルを意識した管理態勢の整備に努めるとともに、事故・事務ミスの報告をあげやすくする仕組みと再発防止のため現場の「知恵」も生かす取組みが重要といえます。

──── 解 説 ────

1 経営陣の率先垂範による態勢整備

事務リスクとは、役職員が正確な事務を怠る、あるいは事故・不正等を起こすことにより金融機関が損失を被るリスクをいいます。

事務リスク管理態勢の整備・確立は、金融機関の業務の健全性・適切性の観点からきわめて重要であり、経営陣には、態勢整備・確立を自ら率先して行う役割と責任があるとされています。

金融検査では他の管理態勢と同様に、経営陣のガバナンスのもと、①方針の策定（Plan）、②内部規程・組織体制の整備（Do）、③評価（Check）・改善（Act）が適切になされているかといった観点から検証が行われます。この点、検査事例集では、事務ミス等が増加しているにもかかわらず、理事会が管理部門に対して、発生原因分析をふまえた再発防止策の策定を指示していないことから、依然として不適切な事務処理が多数認められるなどの事例があります。

Ⅵ その他のリスク管理態勢　153

2　実地調査用チェックリストの活用

　支店において管理すべき事務リスクについては、各農協における信用事業の内容や特性等に応じて異なりますが、金融検査マニュアルでは「実地調査用チェックリスト」において詳細な留意事項（内部業務・渉外業務・預金関係業務・貸出金関係業務・証券関係業務・保険関係業務・その他業務の全7業務）を記載しており、業務ごとにこのリストも参考にしつつ、リスクの洗出しと評価を行うことも有用といえます。

3　現場の「知恵」の活用

　事務リスク管理を実際に行うのは、支店等の現場であることが多いでしょう。また、事務ミス等の再発防止策、さらには事務処理の効率化向上策を、現場が自らの「知恵」をもって実施していることも少なくありません。そのため、経営陣や事務リスク管理部門としては、現場への一方的な指示や通達の配布に陥ることなく、現場との双方向コミュニケーションを重要し、現場の「知恵」を吸い上げて事務手順書等に反映させ、他の支店等に横展開していく取組みも重要といえます。この点、検査事例集では、管理部門において、支店ごとに策定されてきた再発防止策のうち、実効性があり共通ルール化したほうがよいものを区別し、運営手続の見直し等について検証する仕組みを構築していないとの指摘事例もあります。

　また、事務ミス等が発生した場合には本店報告を求めている金融機関がほとんどでしょうが、報告もれや遅延を防ぐためには、前述の「相談・苦情等」報告（Q31）と同様に、「どうすれば報告があがりやすくなるか」との視点をもって報告態勢を見直していくことが重要でしょう。

Q56 システムリスク管理態勢の整備としてどのようなことを行うことが重要でしょうか。

A 他のリスクのリスク管理態勢の整備と同様、経営陣が中心になって、セキュリティポリシー等を制定したうえ、それをもとにリスク管理態勢を整備することが重要です。また、PDCA（方針の策定→内部規程・組織体制の整備→評価・改善活動）を実践する必要があります。

――――――――――― 解　説 ―――――――――――

1　システムリスクとは

　システムリスクとは、システムの不備に原因があり、金融機関が損失を被る危険性のことを意味します。システムリスクの正確な定義は、「コンピュータシステムのダウンまたは誤作動等、システムの不備等に伴い金融機関が損失を被るリスク、さらにコンピュータが不正に使用されることにより金融機関が損失を被るリスク」です。

　金融機関はさまざまなシステムをもっていますが、システムごとに重要度や性格が異なります。あるシステムが止まった場合、利用者取引にきわめて大きな影響が生ずるものもあるでしょうし、利用者取引に影響を与えないシステムもあるでしょう。また、システムのなかには、中央集中型のシステムもあれば分散系のシステムもあると思います。それぞれのシステムの重要度や性格に十分留意して、それに適したシステムリスク管理を行いましょう。

2　セキュリティポリシーとは

　セキュリティポリシーとは、組織の情報資産を適切に保護するための基本方針であり、①保護されるべき情報資産、②保護を行うべき理由、③それら

についての責任の所在等の記載がなされた文書を意味します。

　セキュリティポリシーの対象には、コンピュータシステムや記録媒体等に保存されている情報のみならず紙に印刷された情報等を含める必要があります。金融機関は、システムに関する戦略をふまえ、セキュリティポリシーを制定したうえで、システムリスクの管理を進める必要があります。

3　システムリスクに関する個別の問題点

　システムリスク特有の問題点として、金融検査マニュアルでは、次の6点をあげています。それぞれの金融機関ごとにどの項目が経営課題かが異なるでしょうから、自金融機関の経営課題がどれかを確認したうえで、その項目についてしかるべき対策を講じる必要があります。

① 　情報セキュリティ管理……これは、コンピュータウィルス対策、インターネットを利用した取引の管理、偽造・盗難キャッシュカード対策などを含んでいます。

② 　システム企画・開発・運用管理等……金融機関にとってシステム開発は巨額の投資です。新システムの企画・開発等に関してミスや問題があると、金融機関に巨額の損失が生じてしまいます。こうした危険を排除するため、システムの企画・開発の態勢や工程についてしっかりとした管理を行う必要があります。

③ 　防犯・防災・バックアップ等……コンピュータ犯罪やコンピュータ事故（CD/ATMの破壊・現金盗難等）、災害時の業務継続のための防災組織などに十分留意した態勢を整備することが求められています。

　　また、重要なデータファイル・プログラムについてはバックアップを取得し、その保管場所について、分散保管・隔地保管等配慮することが求められています。

④ 　預貯金口座の名寄せ

⑤ 　システム関係の業務委託先の検証

⑥ 　システム統合に係るリスク管理

Q57 「その他オペレーショナル・リスク」としてどのようなものを管理すればよいのでしょうか。

A 「その他オペレーショナル・リスク」とは、金融機関自らがオペレーショナル・リスクと定義した事務リスクおよびシステムリスクを除いたリスクであり、金融検査マニュアルを参考としつつ、各農協で管理すべきリスクを特定することが重要です。

---- 解 説 ----

「その他オペレーショナル・リスク」とは、金融機関がオペレーショナル・リスクと定義したリスクのうち、事務リスクおよびシステムリスクを除いたリスクをいいます。そのため本来は、各農協において管理すべきリスクを特定することが必要ですが、金融検査マニュアルでは、「法務リスク」「人的リスク」「有形資産リスク」および「風評リスク」に係る管理態勢を例示列挙するとともに、「危機管理態勢」の検証項目を記しています。

1 法務リスク

法務リスクを管理する部門の役割・責任として、利用者に対する過失による義務違反および不適切なビジネス・マーケット慣行から生ずる損失・損害（監督上の措置ならびに和解等により生ずる罰金・違約金および損害賠償金等を含む）等を管理対象のリスクと定義し、リスク認識と適切な管理を行うことに留意が必要です。

2 人的リスク

人的リスクを管理する部門の役割・責任として、人事運営上の不公平・不公正（報酬・手当・解雇等の問題）・差別的行為（セクシュアルハラスメント等）から生ずる損失・損害等を人的リスクとして定義し、リスク認識と適切な管

理を行うことに留意が必要です。

3　有形資産リスク

　有形資産リスクを管理する部門の役割・責任として、災害その他の事象から生ずる有形資産の毀損・損害等を有形資産リスクとして定義し、リスク認識と適切な管理を行うことに留意が必要です。

4　風評リスク

　風評リスクを管理する部門の役割・責任として、評判の悪化や風説の流布等により信用が低下することから生ずる損失・損害等を風評リスクとして定義し、リスク認識と適切な管理を行うことに留意が必要です。適切な管理方法は、たとえば、風評発生時における各業務部門および営業店等の対応方法を定めることや、風評が伝達される媒体（たとえばインターネット、憶測記事等）の風評の定期的なチェックを実施すること等です。

5　メリハリ管理

　いずれの個別リスクに対しても、管理部署だけでなく担当理事等の深い認識と関与が必要です。また、その他オペレーショナル・リスクをむやみに特定して管理部署を機械的に割り当てたとしても、実効性ある管理態勢が整備されるものではありません。各農協の業務特性と戦略目標に照らし合わせて「重要なリスク」に該当する「その他オペレーショナル・リスク」に焦点を当て、メリハリのある管理態勢を整備することが実効性を高めるうえで欠かせないでしょう。

Q&Aそこが知りたい
JA版金融検査のポイント

平成23年10月20日　第1刷発行

　　　　　編　者　一般社団法人 金融財政事情研究会
　　　　　発行者　倉　田　　勲
　　　　　印刷所　三松堂印刷株式会社

　〒160-8520　東京都新宿区南元町19
　発　行　所　一般社団法人 金融財政事情研究会
　　　　　編集部　TEL 03(3355)2251　FAX 03(3357)7416
　販　　売　株式会社きんざい
　　　　　販売受付　TEL 03(3358)2891　FAX 03(3358)0037
　　　　　URL http://www.kinzai.jp/

・本書の内容の一部あるいは全部を無断で複写・複製・転訳載すること、および
　磁気または光記録媒体、コンピュータネットワーク上等へ入力することは、法
　律で認められた場合を除き、著作者および出版社の権利の侵害となります。
・落丁・乱丁本はお取替えいたします。定価はカバーに表示してあります。

ISBN978-4-322-11955-8

金融検査マニュアルハンドブックシリーズ

金融機関の**経営管理**（ガバナンス）**態勢**
中村裕昭［著］
A5判・272頁・定価3,570円（税込⑤）

金融機関の**法令等遵守態勢**
平成23年度版
金融機関コンプライアンス研究会［編］
A5判・460頁・定価2,730円（税込⑤）

金融機関の**顧客保護等管理態勢**
行方洋一［編著］　早坂文高・尾川宏豪［著］
A5判・376頁・定価4,830円（税込⑤）

金融機関の**統合的リスク・自己資本管理態勢**
池尾和人［監修］　藤井健司［著］
A5判・372頁・定価4,830円（税込⑤）

金融機関の**信用リスク・資産査定管理態勢**
検査マニュアル研究会［編］
平成23年度版
A5判・544頁・定価3,150円（税込⑤）

金融機関の**市場リスク・流動性リスク管理態勢**
栗谷修輔・栗林洋介・松平直之［著］
A5判・316頁・定価3,990円（税込⑤）

金融機関の**オペレーショナル・リスク管理態勢**
トーマツ コンサルティング株式会社 金融インダストリーグループ［編］
A5判・240頁・定価3,150円（税込⑤）

KINZAIバリュー叢書

実践ホスピタリティ入門
―氷が溶けても美味しい魔法の麦茶
田中 実[著]
四六判・208頁・定価1,470円（税込⑤）

営業担当者のための
心でつながる顧客満足〈CS〉向上術
前田典子[著]
四六判・164頁・定価1,470円（税込⑤）

最新保険事情
嶋寺 基[著]
四六判・256頁・定価1,890円（税込⑤）

粉飾決算企業で学ぶ
実践「財務三表」の見方
都井清史[著]
四六判・212頁・定価1,470円（税込⑤）

金融機関のコーチング「メモ」
河西浩志[著]
四六判・228頁・本文2色刷・定価1,890円（税込⑤）

経営者心理学入門
澁谷耕一[著]
四六判・240頁・定価1,890円（税込⑤）

矜持あるひとびと
―語り継ぎたい日本の経営と文化―
〔1〕原 誠[編著]
四六判・260頁・定価1,890円（税込⑤）
〔2〕原 誠[編著]
四六判・252頁・定価1,890円（税込⑤）
〔3〕原 誠・小寺智之[編著]
四六判・268頁・定価1,890円（税込⑤）